会说话的数据

人人都需要的数据思维

[美]
本·琼斯（Ben Jones）◎著
武传海◎译

DATA LITERACY FUNDAMENTALS
UNDERSTANDING
THE POWER & VALUE OF DATA

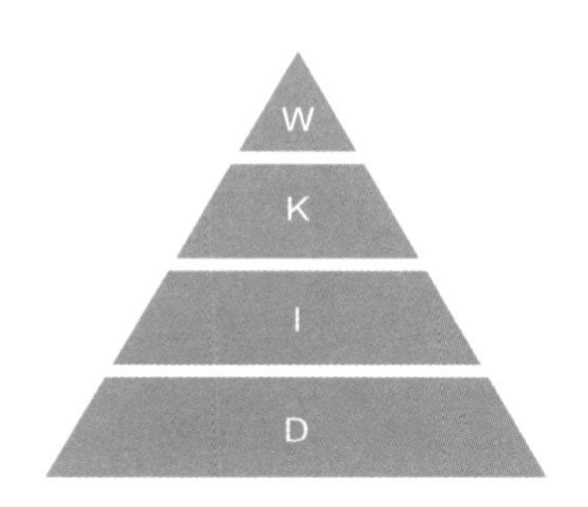

中国原子能出版社 中国科学技术出版社
·北 京·

图书在版编目（CIP）数据

会说话的数据：人人都需要的数据思维 /（美）本·琼斯（Ben Jones）著；武传海译 . — 北京：中国原子能出版社：中国科学技术出版社，2024.1
书名原文：Data Literacy Fundamentals: Understanding the Power & Value of Data
ISBN 978-7-5221-3074-3

Ⅰ . ①会… Ⅱ . ①本… ②武… Ⅲ . ①数据处理 Ⅳ . ① TP274

中国国家版本馆 CIP 数据核字（2023）第 207142 号

策划编辑	杜凡如　王雪娇	**责任编辑**	付　凯
文字编辑	孙倩倩	**版式设计**	蚂蚁设计
封面设计	仙境设计	**责任印制**	赵　明　李晓霖
责任校对	冯莲凤　邓雪梅		

出　　版	中国原子能出版社　中国科学技术出版社
发　　行	中国原子能出版社　中国科学技术出版社有限公司发行部
地　　址	北京市海淀区中关村南大街 16 号
邮　　编	100081
发行电话	010-62173865
传　　真	010-62173081
网　　址	http://www.cspbooks.com.cn

开　　本	880mm × 1230mm　1/32
字　　数	140 千字
印　　张	7
版　　次	2024 年 1 月第 1 版
印　　次	2024 年 1 月第 1 次印刷
印　　刷	北京盛通印刷股份有限公司
书　　号	ISBN 978-7-5221-3074-3
定　　价	69.00 元

序

过去十年，我花了大部分时间教授与数据有关的课程，并培训我的学员使用各种数据处理工具。在这个过程中，我认识到，虽然数据可能很难处理，但其实我们每个人都具备熟练使用数据语言的能力。不过，许多人对此没有信心，所以我的目标是帮助他们找到这种自信。

我还注意到，大部分人往往会高估数据的价值。我并非故意贬低数据的作用，但数据的确不是灵丹妙药，它本身是有缺陷的，只能给我们提供一部分信息。而且，缺失的数据往往在全局中地位颇重。全局信息很可能还包含其他内容，比如情感、本能，甚至还包含一些形而上学的东西，如信仰、梦境等，这些东西也非常重要。写这本书时，我正在居家办公，因新型冠状病毒疫情（以下简称“新冠疫情”）暴发，政府下达了“居家令”，以防止疫情进一步扩散。面对新冠疫情，一方面我们积极应对，想方设法减缓病毒的扩散速度；另一方面世界各地民众就地避难，以免遭病毒的威胁与侵害。截至我写下这段话时，已有超过 37 万人死于与该病毒有关的疾病，而官方报告的确诊病例超过了 620 万。有些人认为，官方报告的数字只是冰山一角；也有些人认为这个数字被严重夸大了。

新冠疫情的相关数据能够帮助政府、公共卫生组织，以及你我这样的普通人跟踪世界各地确诊病例和死亡人数的增长情况，但是这些数据未能把我们团结起来。写作之时，我身处美国，这个国家在政治、经济和种族方面的分歧越来越大。

尽管新冠疫情数据没有导致这些分歧，但我们也没有用这些数据来弥合分歧。对于一种现象，人们总会有不同的见解，然后持相似见解的人会凝聚成团体，这可以理解，而且值得赞赏。但是，如果不同观念的分界线始终如一，而数据被用来当作合理化先入为主的观念和不合理的政治议题时，我们就有麻烦了。

从根本上说，我认为最重要的是我们的努力所产生的影响，既包括外部影响——对环境（人和地球）的影响，也包括内部影响——对人类自身（心智和思想）的影响。数据既可以是我们登高的台阶，也可以是阻碍我们进步的绊脚石。这一切都取决于我们如何使用数据。

我把本书献给我的妻子——贝基（Becky）。一年半前，在她的帮助下，我做了一个艰难的决定，放下工作，出去闯荡。如果没有她，我不会写这本书，不会经营我的生意，也不会做任何相关事情。贝基负责数据素养公司（Data Literacy, LLC）的销售和业务开发工作，她干得很出色，把工作打理得井井有条。

今年是贝基和我结婚的第一年，在这一年中，我们见证了很多事：贝基检查出癌症，接受了手术和治疗；她创办了BeckyWiththeGoodLife.com 网站，开启了自由职业之路；她的祖母和父亲相继离世；还有就是全球疫情了。这一路上，贝基一直表现得像个勇士，一往无前。我希望正在读本书的你的生活中也有一个人能不断激励你，始终信任你。对我来说，贝基就是这样一个人。

在此，我祝愿你在人生旅程中一帆风顺！希望这本书能够帮助你把数据思维融入头脑，成为你解决问题的有力工具。我们都在学习使用数据语言，我们在一起互帮互助，相信随着时间的推移，我们会越来越熟练地掌握并使用这种语言。

本・琼斯

华盛顿州贝尔维尤市

2020 年 6 月 1 日

目 录

引言

每一刻都是新的开始。

——T.S. 艾略特（T.S.Eliot）

我们生活在数据的时代。

近年来，各类组织都在搜集和积累数据，他们还投资开发各种工具和技术，以帮助他们分析和使用这些数据。

通过数据，我们可以更好地了解现实世界的底层模式和发展趋势，并据此做出更明智的决定，最终实现组织机构的目标。这是一个令人激动的想法，尽管人们高度专注于数据，但很少有人认为自己做得不错。而且，有相当一部分人觉得，他们还没做好充分利用这场数据革命的准备。他们认为自己接受的正规教育不足以让他们很好地应对这个充斥着数据的世界。一些人正在为这几个问题寻找明确的答案：数据是什么？如何应用数据？如何把数据变成更有价值的东西？

本书主要为那些感觉被排除在这场大规模的数据运动之外的人而写，其目的是介绍数据的相关知识，同时鼓励人们参与到日益增多的与数据有关的对话中。

如果人们一开始就去学各种数据工具（有许多强大的工具），就有可能会遭受打击。因此，我们不会要求一个刚刚学会读写的年轻人去写一篇冗长的批评文章或者发表一篇雄辩有力的演讲。在适当的时候，他们自然会到达那个高度。本书面向的读者还包括一类人，他们认为自己做得很好，但总觉得自学过程中遗漏了一些基础知识，而这些知识是构成数据实践基础的重要部分。对这些读者来说，本书仍会讲解一些他们已经熟悉的概念，他们可以趁机回顾一下。本书涉及的一些概念有助于消除数据相关的一些迷思和常见的误解。还有一些全新的概念，你可以评判它，也可以予以认同，甚至采用和接纳它。

为了便于记忆本书内容，书中讲解相关概念时遵循如下顺序。第 1 章讲解了一个关键概念——使用数据的总体目标。第 2 章分为两个主要部分：直觉思维过程和分析性思维过程。第 3 章分为三个部分：专业领域、公共领域和私人领域的应用。以此类推，一直到第 8 章，我们列出并详细说明了前面提出的有关数据的八个问题。

就这样，想法和实践以一种便于记忆和吸收的方式一步步建立起来。对于那些曾经尝试学习第二门语言的人来说，这些记忆路径有助于他们快速掌握所学的语言。

在本书及后续系列丛书中，我们都会采用这个核心类比法，把学习使用数据的过程类比成学习一门外语的过程。为了有效地使用数据，我们必须能够识读和理解数据，能够使用数据来创造知识，而且还要会使用数据语言与他人进行有效的沟通。

“素养”（literacy）一词本意就是指我们的读写能力。但根据字典和流行用法，这个词也可用于表示对某些主题有一定了解，比如计算机素养或金融素养。

学数据语言就像学一门外语（口语与写作），两者在学习方法上有共通之处：我们都会阅读相关内容，学习语言重要的组成部分。我们倾听、观察和吸收他人的成果。我们开始组织自己的信息。然后，把它们表达出去，看看别人的反应。我们沉浸其中，主动融入那些已经精通该语言的人群中。

本书重点讲解上面第一种方法，即学习数据语言的重要组成部分。这只是我们在学习过程中采用的其中一种方法，但它非常重要。许多人跳过了这个过程，结果陷入了风险之中。

我们开始吧！

第1章

一个总体目标

没有信息你可以获得数据，但没有数据你不可能获得信息。

——丹尼尔·凯斯·莫兰
（Daniel Keys Moran）[1]

回想一下你上次查找定量信息的情形。比如，你想看看自己的银行账户余额，或者你想知道某场篮球赛的最终比分，或者你想了解你准备去的某个地方的天气预报。你要么希望以某种方式利用这些数据，要么只是对那个主题感兴趣。

进展如何？你找到要找的东西了吗？关于这个世界，你学到了什么？你能好好利用它吗？

我们每天都在寻找、发现和使用数据，就像一个旅行者踏上了去往陌生目的地的旅途。我们的数据素养之旅先从思考下面两个基本的问题开始：

数据是什么？我们到底为什么要使用它？

如果在这两个问题上能达成一致，我们就有了一个共同的基础，就可以继续往下走。

---

[1] 美国作家，著有《献给阿尔吉侬的花束》和《24个比利》。——编者注

数据是什么？

我们先回答第一个问题：数据是什么？

“数据”一词有多个定义，但在本书中，“数据”是指用作推理、讨论或计算基础的事实性信息（比如测量或统计信息）。

这是《韦氏词典》给“数据”一词下的第一个定义。“数据”的第二个定义是“可传输或可处理的数字形式信息”。这个定义范围较窄，因为它规定了数据必须采用的形式，即数字形式。虽然我们遇到的绝大多数数据可能都是数字形式的，但我们也要采用通过其他模拟方式或触觉形式采集的数据，比如传统的纸和笔。

在《韦氏词典》中，“数据”还有第三个定义，这有助于我们把第一个定义和替代定义做比较。“数据”的第三个定义把“数据”与“传感设备或器官”的输出联系起来。这个定义比第二个定义更窄，在这个定义下，“数据”是指我们根据数据收集方式所确定的数据的一个子集。

我们周围到处是传感设备，从手机里的 GPS 接收器到家庭和办公室里的运动探测器，再到测量空气质量或温度的传感器。这些设备（常称为物联网设备）每天都在捕获大量数据，但我们也对那些不能被物联网设备所捕获的数据感兴趣，比如人工生成的清单或评论。

我们再次陈述“数据”的第一个定义：

“数据”是用作推理、讨论或计算基础的事实性信息（如测量或统计信息）。

接下来，我们回答第二个问题：我们为什么要使用数据？

为什么使用数据？

数据的目的是阐明我们本身和周围的环境，帮助我们区分真假，促使我们选择明智的行动方针。

简言之，数据的主要目标是用于获取智慧。

有一个大家熟知的模型，它向我们展示了数据与智慧之间的关系。这个模型就是 DIKW 金字塔（还有其他叫法）。DIKW 模型有两个中间层——信息（I）、知识（K），将数据（D）和智慧（W）联系起来，如图 1-1 所示。

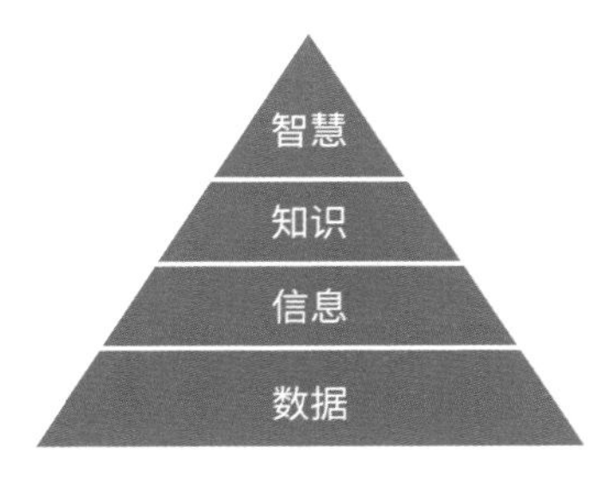

图 1-1　DIKW 金字塔

这个模型通常被看作一个层次体系或连续体，我们现在还不能完全确定是谁首先创造了它，但“IKW”部分可以追溯到1934年。那一年，T. S. 艾略特发表了戏剧《岩石》。在该剧的开场，艾略特写道：

我们在生存中失掉的生活何在？

我们在知识中失掉的智慧何在？

我们在信息中失掉的知识何在？

有趣的是，艾略特不仅提出了从信息到知识、从知识到智慧的链条概念，他似乎还哀叹这个链条会被打断。

链条中应当有一个流转过程，但在从一个步骤到下一个步骤的转换中有时会丢失一些东西。后面我们会再次讨论这个想法，现在我们先了解一下这个模型早期版本的演变。

DIKW模型的后期版本出现在整个20世纪和21世纪的知识管理和信息系统领域的期刊文章和教科书中。有人在模型中添加了第四层的“数据”层（最底层），还有人在模型中添加了其他层，比如“理解”层和“启发”层。

在我们这个数据丰富的时代，能够很好地应用这个模型至关重要，如果它只存在于学术期刊文章和尘封的教科书中，那就太可惜了。DIKW模型是一个非常实用的模型，它与我们每个人每天进行的活动有关。接下来，我们一起看看模型中的每一层，看看能否把它带入生活中。

数据

前面已经讲过数据的定义，这里我们再简单总结一下：数据是原材料，通常以数字形式存在（还有其他存在形式），允许我们捕捉和编码与世界有关的事实。

数据是信息金字塔的基础，这是有原因的。数据是理解的基础。就像《新约·马太福音》中“两种盖房子的人”一样，地基的质量是非常重要的：一个无知的人把他的房子建在沙土上，一场大风暴来了，把房子冲塌了。一个聪明的人把房子建在了磐石上，即使最恶劣的暴风雨来了，房子也屹立不倒。

这个道理也适用于处理数据的方式：我们是只收集世界的事实，还是能利用它们提炼出某种智慧，帮助我们应对遇到的困难，就像聪明的盖房人一样。

数据是我们认识周围世界的基础的一部分。在下一章中我们会了解到，整个基础部分不仅包括观察、事实、数据集，还包括我们的经验、本能和直觉。我们需要把所有原材料收集在一起，需要考虑它们的质量，需要学习如何把它们转化成真正的价值，恰如福尔摩斯在《铜山毛榉案》中所说：

材料！材料！材料！没有黏土，我做不出砖头！

练习 1.1

列出过去一周你接触过的三种不同来源的数据。这些数据可以来自你生活的任何领域——专业领域、公共领域、私有领域。

信息

从金字塔底部往上到达第二层，我们就来到了“信息”层。“信息”是什么意思？它与数据有什么不同？更重要的是，我们如何把数据转化成信息？我们简单考虑一下这几个问题。

我们可以把数据看作一些符号的集合，这些符号往往没有结构和上下文，因此难以解释和理解。数据点一般是更大的数据主体、数据集的一个组成部分，类似于书中的单词。另外，“信息”是经过整理和格式化的数据，在某些方面有利用价值。换句话说，数据的形状和含义把数据转化成了信息。

我们以一串数字为例：11032020。这串数字是什么意思？它是代码还是密码？它会不会只是随机生成的八位数字？如果我告诉你它是一个日期，那么这串数字就有了新的含义：11/03/2020，即 2020 年 11 月 3 日。此时，数据变成了信息。

当数据被转化成信息，里面就加入了人的因素。什么是

“人的因素”？它是我们对含义的假设，或者是我们熟悉的约定。一般只有在美国长大的人才会把 11032020 理解成 2020 年 11 月 3 日。当然，也有少数其他国家和地区的人会这样理解，他们的日期也遵循“月 – 日 – 年”的习惯（mm–dd–yyyy）。但更多国家和地区遵循“日 – 月 – 年”（dd–mm–yyyy）的约定，前两位数字代表的是日期，而非月份。如果把这串数字给这些国家的人看，他们会认为它代表的是 2020 年 3 月 11 日。

美国计算机程序员和科幻小说作家丹尼尔·凯斯·莫兰说过:“没有信息你可以获得数据，但没有数据你不可能获得信息。”仔细想一想，的确如此。最初我们不知道 11032020 的含义，但这并不意味着我们缺少数据，这只意味着我们缺少信息。

以你的银行账户为例。银行如实地为你记录存款账户的每一笔交易，包括支出和收入。这就是数据。但是，这些数据并不能给你提供有用信息，比如上个月你在食物上花了多少钱。或者说，你无法从这些数据中直接获得这个信息。

要把交易数据变成信息，我们就需要重构一下数据。怎么做呢？我们需要过滤出上个月的交易数据，找出所有支出数据中那些与食物有关的数据，然后将其汇总。经过整理，数据就变成了信息。通过这个信息，我们就可以知道上个月在食物上花了多少钱。假设加总之后，上个月的家庭食物总支出是 1285 美元。

要把数据变成信息，需要回答下面两个问题：

（1）数据值的度量单位是什么？这些值是代表单位（“单项”），如10盒、10克、10美元还是其他什么？诸如此类。

（2）我们是否需要把多个值汇总成一个更有意义的数字，比如某个时间段内的总销售额，或者学生的平均身高？

练习 1.2

从练习1.1的列表中选择一个数据源。写下你从这些数据中发现的一个信息（不少于一个），再写出你是如何转化数据得到这个信息的。

- 信息：____________________
- 转换步骤：____________________

知识

沿着金字塔结构，“信息”的上一层是“知识”层。在把信息转换成知识时，我们需要加入更多人的因素。让我们来看看怎么做。

关于知识的本质和意义，已经有过许多讨论和辩论。哲学还有一个专门的分支叫认识论，专门研究知识观，以期更好地理解知识。我们接下来的讨论不会提及这些争论。

就我们的目的来说，我们可以把知识简单地理解为“通过经验或联系了解某事的依据或条件”。

在这个定义中，“联系”一词非常重要。当我们把信息融入对世界更广泛的理解中时，信息就会转化为知识。将获取到的信息与其他信息联系起来就可以实现这一点，进而积累学习经验。这些关联是我们主动添加的成分，从这个意义上说，“知识”是人类使用信息的产物，而不是信息本身固有的属性。

美国小说家兼编剧迈克尔·文图拉（Michael Ventura）对信息和知识之间的区别有以下说法：

> 没有上下文，一条信息就只是一个点。它和许多其他点一起漂浮在你的大脑里，没有任何意义。知识是有上下文的信息，信息点是相连的。

我们回到之前的例子中，想想其中的实际意义。如果我告诉你 11032020 是美国一个重要的日子，你可能会想到美国惯用“月 – 日 – 年”格式，所以你认为这个日期应该是 2020 年 11 月 3 日，而不是 3 月 11 日。但是，这个日期到底是什么重要日子呢？

如果你把这个信息与下面这个知识联系起来：依据美国的政治制度，联邦公职人员选举日是“11 月 1 日之后的第一个星期二”（你也可以在互联网上搜一下这个日期），你就会获得一个知识——大选日，这是那八位数字本身无法直接传递的。

再回到前面银行账户的例子。为了统计账单，我们首先要登录自己的银行账户，获取存款账户的重要数据，比如历史总账目或支出收入明细表。然后，我们需要做一些计算，得到想要的信息：上个月在食物上总共支出 1285 美元。

那又如何？这些信息对我们有什么用处？也许我们看到这个数字会立马大吃一惊，“呀！”的一声，感叹这个数字实在太高了。我们会把这个信息和自己的直觉联系起来：每个月我们通常不会在食物上花那么多钱。如果再做一些探究，获取更多信息，我们就会发现，这个数字确实比我们上个月在食物上的实际支出要多，超出了 310 美元。这到底是怎么回事？

在这个过程中，我们已经把数据转换为信息，把信息转换为知识。要完成整个过程，我们还需要收集更多信息，需要做更多思考，但目前我们已经成功地利用手头的数据获取了一些关于世界的某个方面的知识。

要把信息变成知识，就需要弄清下面几个问题：

（1）数据的上下文是什么？

（2）数据是何时收集的，由谁收集的，出于什么目的？

（3）这些数据与什么有关？

（4）做哪些比较有助于我们更好地掌握数据的相关性？

练习 1.3

在“练习 1.2”中，我们已经从选择的数据源中提取了一些信息。我们还可以从中获得什么知识？在把信息转换成知识的过程中，我们需要将信息与其他信息或经验建立关联，请列出这些关联。

- 获取的知识：________________________
- 有用的关联：________________________

智慧

最后，我们来到金字塔的塔尖——“智慧”层。智慧的定义也是多种多样的。在这里，它是什么意思？与数据、数据素养有何关联？我们一起探讨一下。

在 DIKW 金字塔结构中，如图 1-2 所示，首先是收集数据，然后对数据做准确解释，把数据转化为信息。将信息转换成知识的关键一步是在信息间建立关联，而将知识转换成智慧的关键一步则是正确地应用知识。

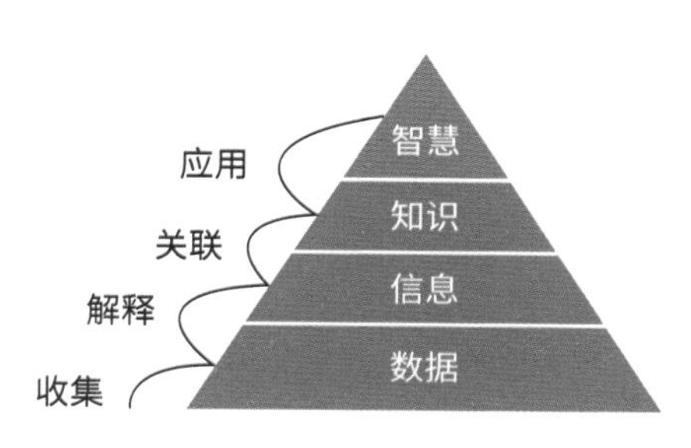

图 1-2　沿 DIKW 金字塔自下而上

励志作家罗普兰博士（Dr.Roopleen）对知识和智慧的区别做了如下阐述：

学习是积累知识；智慧是运用知识。

在金字塔的四个层次中，只有智慧涉及选择正确行动方案的能力。而且，我们看到的趋势是：越沿着金字塔往上走，人类在这个过程中的参与程度越高。智慧涉及信仰、价值观和道德准则，这些都带有强烈的“人的因素”，如图 1–3 所示。

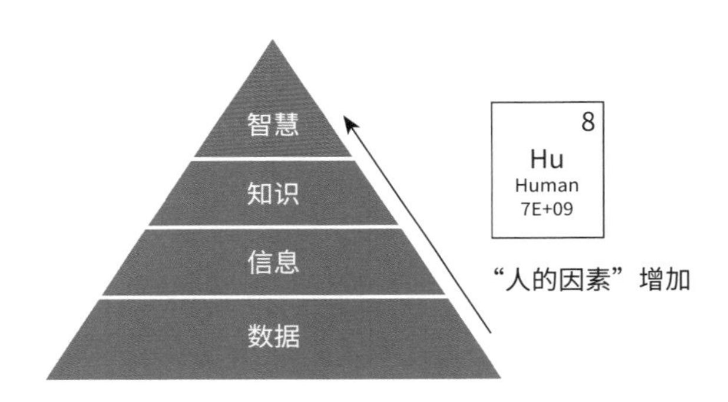

图 1–3　沿着金字塔自下而上，越往上走，“人的因素”就越多

正如艾略特在《岩石》中所发出的警告，拥有大量知识并不意味着我们已经找到了通往智慧（金字塔塔尖）的道路。在我们这个时代，他的警告被证明是对的。近年来，有些组织以不道德的方式使用数据以牟取不正当利益：从未经客户同意就出售其私人数据的社交媒体平台，到未采取恰当措施保护敏感数据的组织，再到带有偏见的规则系统。就一个团队来说，完全不懂数据要比他们利用数据干坏事好得多。

我们再次使用前面两个例子来描述一下知识转化成智慧的过程：假设我们正在筹划一场大型企业会议。一家会议承办机构针对那一周的会议时间给了一个非常低的报价，我们准备跟这家机构签合同，安排这次有 14000 人参加的大型会议。

这时，我们发现 2020 年 11 月 3 日是美国联邦选举日，意识到把会议安排在这个时间段不是明智之举，因为这可能会导致到场人数降低，而且会给参会者带来不快。于是，我们从 11032020 这个数据点开始，最终在日历上选定了一个新日期，不惜一切代价避开选举日。问题得到解决！

回到银行账户和月度食品支出过高的例子，我们可以收集更多相关信息。经过分析，发现过去一年中没有一个月在食品上的花费超过 1000 美元。于是，我们更加确信，食品支出为 1285 美元的月份是一个反常现象。在那个月的大多数日子里，我们都没有自带午餐，而是跟同事一起外出就餐。对食品支出的分析显示，那个月出去吃饭的次数高达 28 次，而前一个月只有 11 次。所以为了节省下个月的预算，我们最好自带午餐。

那个月的午餐支出虽然超了预算，但换来的可能是职业发展方面更多的可能性。在那一个月里，我们的确对一些同事更了解了，还结交了公司的几个高管。也许以这种方式花在午餐上的钱最终会给我们的家庭财务带来好处。但是，这给我们的健康带来什么影响呢？那个月我们的体重增加了吗？这会不会带来更高薪资的工作和更高昂的医疗账单？

由此可见，运用智慧并不一定意味着我们只使用单一知识来支配我们的行动。实际情况通常不是这样，我们做重要决定时一般都要考虑多个因素。有些因素有可信的数据，有些没有。而且，未来有很多不确定性，当前趋势是否会持续也不得而知。正因如此，我们做决策时应该以数据为引导（data-informed），而非由数据驱动（data-driven）。手握方向盘的应该是我们才对。对我们来说，数据只能说是一种非常有用的资源，尤其当我们将它转化为信息、知识和智慧的时候更是如此。

在数据素养的第 2 阶段的课程中，我们会更详细地介绍将数据转换成智慧的过程，并给出一个框架和流程图，用来指导大家如何在实际情况下利用好数据。

练习 1.4

回到本章前面练习中所举的例子，看看你是否能应用目前获取的知识想出一个不明智的行动方案和一个明智的行动方案。

- 明智的行动方案（采取）：________________
- 不明智的行动方案（避免）：________________

第2章

两种思维系统

> 善于思考的人，直觉会告诉他下一步的方向。
>
> ——乔纳斯 · 索尔克（Jonas Salk）[1]

2014 年，一家大型科技公司投放了一个电视广告，宣传推广他们的商业智能平台。广告中有一些对客户的采访片段，其中有个客户说：

过去我们靠直觉；现在我们靠分析。

这句话的意思好像是在说，直觉和分析是相互排斥的两种工作方法和决策方法。言下之意是，使用分析要比使用直觉好得多。2008 年有一本畅销书——《超级数字天才》（*Super Crunchers*）。在书中，作者伊恩 · 艾瑞斯（Ian Ayres）指出："现在正处于类似马力与动力孰优孰劣的历史时刻，而直觉判断和经验估计一次又一次地在与数字分析的竞争中失利。"他的语焉不详的警告"直觉专家们注意了"令人不寒而栗。

你可能没有看过这本书或上面说的电视广告，但你可能已经注意到了，围绕着数据的炒作似乎在告诉我们，数据存在就是为了把我们从有缺陷和危险的直觉中解救出来。但这其实是一种误解。

---

[1] 美国实验医学家、病毒学家，主要以发现和制造出首例安全有效的"脊髓灰质炎疫苗"而知名。——编者注

毫无疑问，数据和分析是有用的，并且随着数据被使用得越来越多，另外一场工业革命不久便会开始。但是，我们不应该把数据看作人类思维模式的替代品，它只是一种强有力的补足。

请注意，我说的不是表示不够、短缺含义的“不足”，而是为之增色、使之更完美的“补足”。在我看来，数据就是人类思维模式的一种补足，即一些“填补、完善，或使之变得更好、更完美的东西”。

这一章，我们将深入探讨这个理念，它是发展数据素养的核心。

为了帮助大家理解数据的力量和价值，我们需要了解一些思维运作的基本原则。首先，让我们做几个小练习热热身。

练习 2.1

请看图 2-1 中的照片。你会用哪个词来描述你眼中这个孩子的感受？

图 2-1　拉希德·赫拉希德（Rasheed Hrasheed）拍摄的《幸福快乐的脸庞》

你需要停下来想一想吗？还是说你根本不用动脑，答案会自动浮现在你的脑海里？你的回答很可能是后者。对我们来说，从面部特征识别情绪是一件很直观的事，凭直觉就能办到。在这个过程中，我们不会停下来分析人物嘴部或眼睛轮廓的角度，也不会需要什么电子表格或数据库。

只要看一眼照片，我们的脑海里立马浮现出这样一个想法：这个孩子很幸福！你想阻止这个想法几乎是不可能的。因此，说“直觉”这个词来自拉丁语“intuērī”（意思是“看、凝视”）是有道理的。

练习 2.2

我们试着做另外一个思想实验。在图 2-2 中，你能找出多少个不同的三角形？

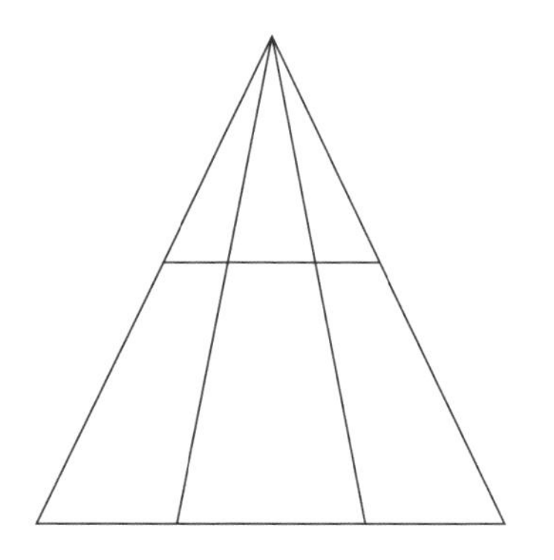

图 2-2　三角形中的三角形

答案将在本章末尾揭晓，在此之前，你可以先自己找找看。接下来，我们以第二个练习为例子仔细想一下我们的整个思维过程。首先，这个练习要比第一个练习更难，对吧？除非你的大脑异于常人，否则回答这个问题不会像回答第一个问题那样轻而易举、毫不费力的。要回答第二个问题，我们必须好好想一想，这个过程缓慢而且需要深思熟虑。你必须用推理的方式来解决这个问题。

这两个练习涉及两种截然不同的思维过程。

思维系统 1 和思维系统 2

过去半个世纪中，研究人员对我们大脑的工作方式有了很多了解。针对大脑的研究通常来自受控的行为实验，其中一些还用到了检测大脑活动的新方法，比如 FMRI（功能性磁共振成像）。这项技术从 20 世纪 90 年代早期开始投入使用，当实验对象做不同类型的脑力活动时，它可以检测到大脑不同区域中血液流动的变化情况。

一些认知心理学家、行为经济学家和哲学家这样描述大脑的工作方式：思维系统 1 和思维系统 2。根据这个模型，我们每天都会做两种不同类型的思考。第一种类型的思维（思维系统 1）是快速的、自动的和反射性的。我们经常使用“直觉”和“创造性”等词汇来描述思维系统 1 所负责的思维活动。第一个练习中观察孩子面部表情并判断孩子感受的思维活动就属于这类思维活动。做诸如 2+2 之类的简单加法也是如此，这类问题的答案会立马浮现在你的脑海里。

第二类思维系统（思维系统 2）则是缓慢的、费力的和需要深思的。谈到思维系统 2 的思维过程时，我们常用“善于分析的”“合乎逻辑的”这类词汇。当你研究练习 2 中图形的线条，并尝试找出其包含的不同三角形时，第二类思维系统就开始发挥作用。或者，当你计算 16×33 时，发挥作用的也是第二类思维系统。

人们把主张存在两种不同思维方式的观点称为“双过程理论”（dual process theory）。诺贝尔奖获得者丹尼尔·卡尼曼（Daniel Kahneman）在《思考，快与慢》（*Thinking,Fast and Slow*）一书中向普通读者阐述了这个理论，还在书中分享了他与以色列心理学家阿莫斯·特沃斯基（Amos Tversky）合作开展的实验中获得的各种结论。

在《思考，快与慢》的第 1 章中，卡尼曼谨慎地指出，虽然谈到这两个系统时看似将它们当作两个独立的角色，但这其实只是一种省事的说法，免得每次提到它们都得描述它们的特征。但事实上，我们的头脑中并不存在两个不同的角色，两个思维过程也并非发生在大脑的不同部位（不像流行的左右脑理论所描述的那样）。实际的思维过程要复杂得多，现在我们才开始一点点地了解它们。

那么，了解这些与使用数据、提高数据素养有什么关系呢？在通过数据理解世界的过程中，我们一般都会觉得自己在做深思熟虑的分析和有意识的推理。而这些都属于思维系统 2 的活动。

这个说法是对的，但不完全对。事实证明，在分析活动的过程中，我们的直觉思维同样很活跃，而且参与其中。我们不应该把这两种思维模式看作一场“马力与动力”的竞赛。相反，我们可以把它们看作同一个引擎的两个协同工作的构件。事实上，研究人员对“思维系统 1”和“思维系统 2”也是这么理解的，即两个思维系统是两种平行且互相配合的信息处理模式，它们分属不同的认知系统[1]。也就是说，在一项思维活动中，一个思维系统的参与度高，并不意味着另一个思维系统的参与度就低。

这对刚入门使用数据的新手来说是个好消息！使用数据之前，你不需要担心自己没有足够的经验和直觉。事实上，在你使用数据时，你的经验、直觉等都会得到充分的利用。接下来，我们看看怎么做。

---

[1] 可参阅《直觉：行为科学中的基本桥接结构》一书，由霍奇金森、兰根·福克斯、萨德勒·史密斯于 2008 年合著。

直觉在分析中的五个作用

简单地说，如果说数据是新时代的石油，那么人类的直觉就是点燃“分析”引擎的火种。下面我们介绍五种不同的方式，借助这些方式，我们可以把直觉和分析很好地结合起来做决策，这比单独使用其中任何一种做出的决策效果都要好。

1. 知道数据说了什么和没说什么

在我们分析数据的过程中，直觉会帮助我们搞清楚数据告诉了我们什么，以及没有告诉我们什么。阿尔贝托·开罗［Alberto Cairo，迈阿密大学教授，也是图书《数据可视化陷阱》（*How Charts Lie*）和《不只是美：信息图表设计原理与经典案例》（*The Functional Art*）的作者］为我的电子书《数据素养的17个关键特征》（*17 Keys Traits of Data Literacy*）做了如下引述：

使用数据需要一定程度的数字素养和图形素养，即计算能力和图形能力。计算能力不仅包括数学、统计或逻辑方面的能力，还包括第六感，这种神秘的感觉建立在我们对这些领域中的基本概念的理解（包括浅层理解）基础之上。图形能力包括培养直觉，它能帮助我们判断哪种图形、图表或地图更适合于探索我们的数据或向他人传达我们获得的主要见解。

你是否已经注意到，在使用数据过程中，开罗特意强调了人的因素？数据可能是具体的，但是我们跟它的交互可能是模糊的、不明确的。我们需要培养起一种使用数据的直觉，就像我们需要学习走路或骑自行车一样。这类知识来自经验，来自不断尝试和犯错。

2. 知道下一步该去哪里

探索性数据分析是一个高度迭代的过程，相关内容我们将在数据素养第 2 阶段的课程中讨论。我们可能会从一个数据集开始一系列的讨论，最终却走向一个完全不同的方向。通常情况下，这种行动方向的改变都是由直觉引起的。

还有一些时候，在完成某项分析后，虽然我们可能已经得到了最初问题的答案，但数据实际上却把我们引向一个完全不同的、更有意思的问题。在这个过程中，我们也许注意到了数据中一个古怪的模式，又或者发现了一个明显的异常值。我们察觉到异常，并在无意中发现了一条需要追踪的线索。

美国医学研究员和病毒学家乔纳斯·索尔克因发现脊髓灰质炎疫苗而广受赞誉，他对直觉所做的陈述很好地表现出了这一点：

善于思考的人，直觉会告诉他下一步的方向。

3. 知道何时停止寻找并采取行动

有一个著名的术语——分析瘫痪，它描述了我们因被困在数据中而无法做出决策或前进的现象。在做分析时，我们可选的分析途径有很多，有可能出现过分应用“思维系统 2”的现象。每个决定都有一个确定的时间窗口，我们必须在有限的时间窗口中做出决定——优秀的分析师知道什么时候该停止分析数据并采取行动。

国际象棋就是一个好例子。在国际象棋计时赛中，有两个挨着的时钟，每个棋手各用一个，用来查看棋手移动棋子的时间是否超过给定的时间。当一位棋手走完一步棋子后，他会按一下靠近自己的时钟上的按钮，此时，时钟停止倒计时，对手的时钟开始倒计时。国际象棋中使用的倒计时时钟，如图 2-3 所示。

图 2-3　国际象棋中使用的倒计时时钟
（照片来源：BlindenSchachuhr.jpg，Mussklprozz 拍摄）

在国际象棋计时赛中获胜有两种方法，一种是直接把对方将死，另一种是迫使对方超时，同时确保自己不超时。因此，国际象棋高手必须懂得如何在走棋质量和走棋速度之间做好平衡，以确保后面有足够的时间来走棋。

俄罗斯国际象棋大师加里·卡斯帕罗夫（Garry Kasparov）在其著作《棋与人生》（*How Life Imitates Chess*）中谈到这种平衡感的来源时说道：

> 当直觉告诉我们“收益递减律”开始起作用时，我们就要当机立断采取行动。

当然，生活和象棋还是有区别的。在生活中，大多数情况下，我们都无法确切地知道有多少时间来给我们下决定。如果我们等到下周才给一栋房子出价，那卖家会更容易接受低一些的价格吗？还是说我们就买不到这栋房子了？如果我们决定再推迟几个月发布产品，打算再给产品添加几个新功能，这些新功能会让产品免于失败吗？还是说，我们的竞争对手会趁机发布类似产品，抢占了先发优势呢？

虽然我们可以通过收集与分析数据来指导（包括如何做以及何时做）我们做出明智的决定，但是无论如何，最后做决定时，多多少少都会有一些人类的直觉参与其中。

4. 知道听众是谁以及如何与他们沟通

在数据中发现了重要信息后，我们可能需要把它连同获得的知识一起传递给其他人。与他人沟通交流是一种很常见的人类活动，交流过程中有视觉、语言和非语言信息在双方之间来回传递。不过，在沟通开始之前，我们需要搞清楚沟通对象。有多少次，我们做完一场精彩绝伦的演讲之后，才发现下面的听众不对？所以我们应当对与我们打交道的人与组织有一定的直觉，这有助于我们搞清楚决策者是谁，以及如何约到他们。

当我们确定好沟通目标后，接下来我们需要知道如何与他们沟通。哪些信息会产生预期的效果？哪些信息会落空？哪些信息会适得其反？为了回答这些问题，我们需要对说服的艺术有一种敏锐的直觉，它能帮助我们把分析能力与直觉结合起来产生影响。

天普大学创始人拉塞尔·康威尔（Russell Conwell）用一句有趣的话阐释了这一点。他做了 6000 多次著名演讲《钻石宝地》（*Acres of Diamonds*）。他这样描述他的方法：

> 如果我去参观一个镇或市，我会尽量早早到达那里以便走访邮政局长、理发师、旅店老板、校长和牧师，然后进一些工厂和商店，与人们交谈，深入了解当地的市、镇情况，了解其历史，看看它们有何机会。之后我才会去讲演，与人们谈论适合其本地的话题。

通过这种方式，康威尔不仅能收集有关听众的信息，而且能利用自己的判断力了解每个个体，包括他们感兴趣的事、他们的时尚风格以及言谈举止。尽管康威尔有重要的信息要传达给他们，但除非他对如何与当地人沟通有了一种直觉，否则他的演讲就可能被当地人置若罔闻。

5. 知道事情为什么那么重要

我们可以关注的事情数不胜数。哪些重要，哪些无关紧要？“捡了芝麻，丢了西瓜”这句俏皮话说到点子上了。我们可能会把时间浪费在那些无关紧要的事情上，而忽略了那些可能会救你命的事情。

在关注那些我们认为重要的事情时，该如何度量与这些事情相关的事呢？在规划道路时，我们需要收集哪些数据呢？即便是最简单的主题，我们也可以收集到大量令人眼花缭乱的指标。对于我们关注的重要事项，其“关键绩效指标”（KPI）是什么？这个时候，我们关于这个主题的经验和直觉就能发挥巨大作用了。也恰因如此，我们才会聘用那些有相关经验的人，与他们合作。

假设你正经营着一家初创科技公司，今年是第二个年头。当你考察财务情况时，你关注的是收益、盈利能力、现金流、资金消耗率，还是其他什么指标？是否有这样一个时间点，你将主要关注点从一个指标转向另外一个指标？造成这种转变的原因是什么？

虽然数据和分析很有用，但我们也要对周围环境和关键问题有敏锐的直觉，否则有可能得到大量与主题无关的知识。关于直觉，爱因斯坦这样说过：

> 真正有价值的是直觉。

直觉的黑暗面

经过前面的学习，我们知道直觉在许多方面都有很高的价值，在以数据为引导的决策过程中，直觉不应该被忽视或小看。正因如此，我们应该对直觉和经验保持适度、合理的重视。但跟数据分析一样，直觉和经验也很容易出错。为什么这么说？

我们对一件事有强烈的直觉，并不代表着我们一定是对的。有时，我们会被花园中的水管吓一跳，因为我们把它误当成一条蛇。请看图 2–4 中的两条线段，如果只比较箭头之间的线段部分，你的直觉会告诉你哪一条线段更长？

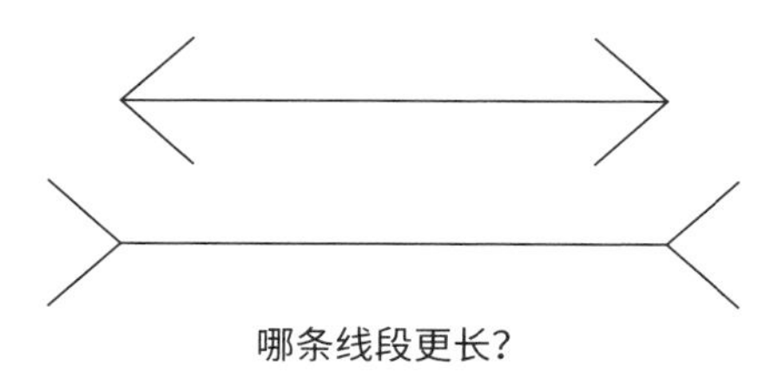

图 2-4　通过目测比较两条线段的长度

实际上，两条线段的长度是完全一样的，但是线条两端的箭头给我们造成视觉上的错觉，让我们的大脑以为第二条线段更长。在本章开头，当我们判断孩子的情绪时，我们的视觉系统给出了准确的答案，但是在这里，这套视觉系统却给出了错误的答案。

引起错误直觉反应的不只在视觉方面。请考虑下面研究人员提出的有关两件商品成本的经典问题：

· 一个球拍和一个球总共要 1.10 美元。

· 球拍比球贵 1 美元。

· 球要多少钱？

在这个简单又刁钻的测验中，许多受访者最初都回答球要 0.10 美元，但这个答案是错误的。如果球真是 0.10 美元，那球拍就是 1.10 美元（因为球拍比球多花 1.00 美元，所以球拍价格 =1.00 美元 +0.10 美元），这意味着一个球拍和一个球（1.10 美元 +0.10 美元）总共要 1.20 美元。

正确答案是，球的价格是 0.05 美元，球拍的价格是 1.05 美元，这两个价格满足上面条件，但它们并不是我们直觉想到的答案。这其实是一个简单的代数问题，它包含两个方程、两个未知数，但是我们的直觉思维却给我们带来了一个自以为正确的省事答案。这种直觉上的捷径会再次把我们引入歧途。

随着研究人员对人脑工作原理研究的深入，他们发现人们在应对复杂的境况时会过多地使用“启发法”或认知捷径。

这些捷径非常有用，但很容易让我们受到一些偏差的严重影响。例如，证实偏差（confirmation bias）会促使我们去寻找那些与所持观点相一致的信息，任何与观点相冲突的信息都会被拒绝掉或忽略掉。在可得性启发法中，人们往往依赖最先想到的经验或信息，并认定这些容易觉察和回想起的事情更常出现，并以此作为判断依据。例如，相比于心脏病导致的死亡（文明社会中的常见病），恐怖主义导致的死亡其实相当罕见。

有时候，我们的分析佐证了我们的直觉，这很好，但还有一些时候，两种思想系统相互冲突。直觉可能会告诉我们，数据或分析在某些方面有缺陷。或者，分析可能表明我们思维方式中存在偏差。在这种情况下，该如何判断哪个思维系统是可信的？我们得进一步研究一下这个问题。关闭其中一个系统可能会让我们的决策过程更简单，但也有可能因此犯更多的错误。

本章前面我们提到了丹尼尔·卡尼曼和他的著作《思考，快与慢》。在纽约世界商业论坛的一次演讲中，卡尼曼提出了以下三个问题，用来判断相信自己的直觉是否合理：

（1）某个特定领域是否有一定规律，你是否能够轻松学会？

（2）你在这个领域是否经验丰富，是否实操过一段时间？

（3）你过去是否收到过及时和具体的反馈来帮助了解你自己的直觉？

源于古代的思想

古时候，人们就知道我们的大脑中存在着直觉和分析这两种截然不同但又相互关联的思维方式。大约在公元前370

年，柏拉图在他的《斐德罗篇》（*Phaedrus*）中，把人类的灵魂比作一个战车御者，战车由两匹马拉着：一匹驯良的白马和一匹顽劣的黑马。如图 2–5 所示。

图 2–5 《用蛇鞭驾驶的战车》雕塑

［图片来源：亚历克斯·普罗伊莫斯（Alex Proimos）拍摄，遵循 CC2.0］

在柏拉图的比喻中，御车人代表人类的智力（或理性），而两匹马则代表人类的情感，包括道德的和不道德的。思维系统 1（或称直觉思维）通常与情感联系在一起，而思维系统 2 通常与理性联系在一起。

《羯陀奥义书》（*Katha Upanishad*）中也有类似的比喻，该书是吠陀经的一部分，是一本古老的梵文经典，如图 2–6 所示，可追溯到公元前 800 年。

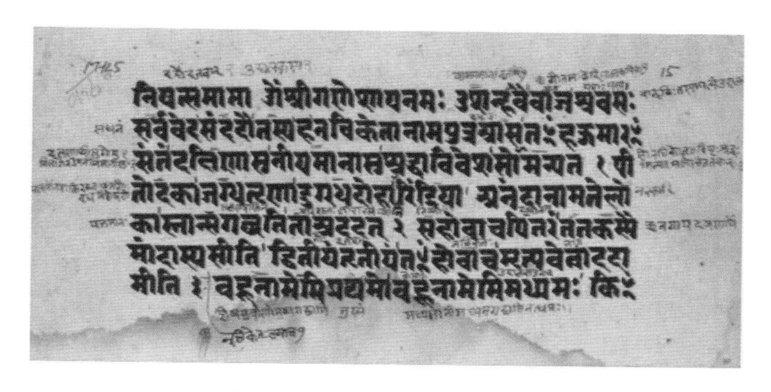

图 2-6 《羯陀奥义书》内页

［图片来源：莎拉·韦尔奇（Ms Sarah Welch）女士拍摄］

这段内容如下：

知身如车乘，

自我是乘者，

知智忧御夫，

意思唯缰索。

诸根说为马。

［意为：知道阿特曼（即自我）是战车之主，知道身体只是战车，知道理智是御车之人，知道心意只是驭马的缰绳。那拉马的车，智者说，就是人的诸根感官。］

看，这种区分人类思想和灵魂的想法似乎由来已久。更令人佩服的是，这些古代文献还谈到要把这些元素结合起来，谈到如何用智力控制直觉、情感以及付诸实践而不被它们所支配等。

如果你是数据新手，请先摒弃这个错误观念——数据能把你从有缺陷的直觉中拯救出来。或许我们可以改一下本章开头电视广告中的台词，把两种思维系统结合起来，而不只强调其中一种：

过去，我们先是用直觉。后来，我们用分析。现在，我们两者都用。

对了，这是练习 2.2 的答案，图 2–2 中一共可以找到 12 个三角形，如图 2–7 所示。

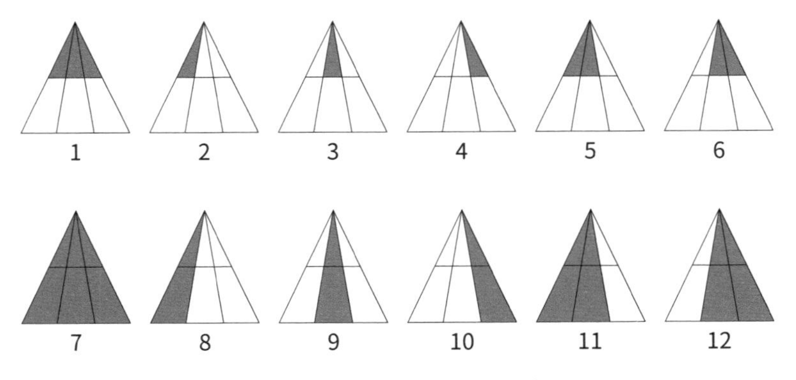

图 2–7　三角形中的 12 个三角形

第3章

三大应用领域

千万别只顾着谋生，而忘了生活。

——多莉·帕顿（Dolly Parton）[1]

数据可以被用于生活的哪些领域？在这一章，我们一起了解一下数据的应用领域，把数据价值的概念拓展到工作场所之外。我们先一起做一个自由作答练习。

练习 3.1

为什么你想熟练地使用数据语言？请列出三个你希望提高数据知识和技能的理由。

现在看看你列出的理由，有几个与你的职场生活或雇主有关？可能未必全部有关，但至少大部分都是相关的吧。

在职业背景下，谈论数据技能是合情合理的。当我们听到“数据”二字时，往往说的是工作技能，要么说的是那些推动技术进步的公司，要么是某个工作职位，比如数据分析师、数据科学家——我们通常都是在某种职业背景下来谈论数据技能的。

但我们真的没必要只把数据局限在雇主的那一亩三分地之内。不仅对那些追求利润增长的公司，对于寻求创建一个和

[1] 美国歌手。——编者注

平、务实环境的社会来说，数据也很重要。此外，数据也与我们的个人生活息息相关，因为我们每个人都在努力使自己变得更好。接下来，我们分别看一下这三个领域：专业领域、公共领域、私人领域。在这个过程中，我们会进一步拓宽视野，了解一下熟练掌握数据语言能够帮助我们在上面三个领域中做些什么。

专业领域

21 世纪，资本主义在经济领域占主导地位。商品和服务在市场中交易，在这个市场中，私有和公有公司都在争夺客户和市场份额。个人和组织则积极投资金融和资本市场，谋求手中的财富增值。在这个体系中，世界各地的政府通过监管或资产国有化等方式施加不同程度的影响和控制。但在大多数情况下，非政府商业组织占据着生产资料和利润。

过去两个多世纪里，世界发生了三次主要的工业革命，许多人认为当前正处在第四次工业革命的起步阶段。第一次工业革命开始于 18 世纪中叶，指的是从手工生产转换为以蒸汽、水力、煤炭为动力的大机器生产。大约一个世纪后，第二次工业革命到来了，电力得到广泛应用，机器生产转向大规模生产。电话和汽车在这场革命中诞生，世界各地之间的联系变得更加紧密。

又过了一个世纪，到了 20 世纪中叶，我们迎来了第三次工业革命，也称为数字革命。计算机和数字信息技术的发明和普及带我们进入了信息时代。这种技术能力的巨大飞跃对人们的工作时间的支配方式产生了重大影响。不管你是在私营部门工作，还是在公共部门（政府机构）和志愿者组织（非营利组织）工作，都会受到影响。

在过去的几十年里，创新的步伐急剧加快，人们不得不学习新的技能，以期跟上时代的步伐。20 世纪 80 年代，随着计算机从大型机变为台式机，所有部门和行业的从业者都必须学习基本的计算机技能（比如文字处理），这样才能把工作做好。到了 20 世纪 90 年代，随着互联网的出现，几乎每个白领都需要使用互联网。后来，社交媒体浪潮袭来，一些专注于数据的职业（数据录入、数据工程、数据库管理、数据分析）开始迅速扩张。

自 2010 年以来，随着自助分析运动的快速扩张，读取、解释、创建和用数据说话的需求突飞猛进。这种情况下，不再只有数据专家需要理解数据，每个人都需要懂数据。许多人的生活和工作处在新革命的风口浪尖上，但是我们过去接受的正规教育却没能让我们为其做好准备，因此我们必须在工作中学习新的数据知识和技能。

看看2019年企业最需要的技能[1]。在50000种技能中，排名前25位的“硬技能”大都与数据领域相关，例如人工智能、分析推理、自然语言处理、科学计算、业务分析和数据科学。

2010—2020年，全球范围内人们使用谷歌对热门数据职位的搜索兴趣的变化趋势如图3-1所示。

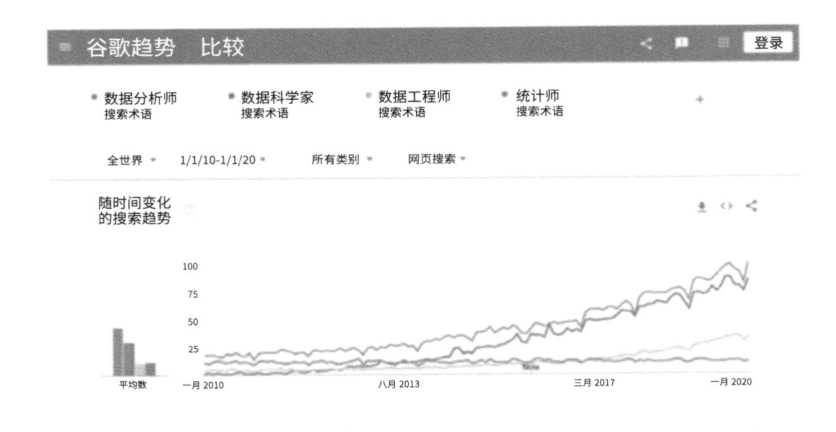

图3-1 2010—2020年全球范围内人们使用谷歌对数据职位搜索兴趣的变化趋势

可以注意到，在2010—2020年，全球范围内人们对数据分析师、数据科学家、数据工程师的搜索兴趣有所增加，但对于统计师的搜索兴趣并没有增加。有一部分原因是，统计学专

[1] https://learning.linkedin.com/blog/top-skills/the-skills-companies-need-most-in-2019-and-how-to-learn-them.

业出身的人当中有相当一部分转行去申请并获得了数据科学家之类的职位。统计结果表明，人们对新术语的整体搜索兴趣增长明显，并且已经超过了 2010 年前的水平。

不论是技能还是工作职位，毫无疑问，数据已经成为第四次工业革命的关键原材料。目前这场革命已初具规模，最终它会影响到每个行业的每一家企业。正因如此，数据素养对于我们每个人都至关重要。当然，我们需要具备数据素养的原因可不止一个，在接下来的内容中我们还会提到其他一些原因。

练习 3.2

想一想你目前的工作。在过去一个月中，你在工作中使用过以下哪种形式的数据？

· 单个图表或图形

· 电子表格或数据文件

· 基于云的数据源

· 数据展示仪表盘（单个视图中集成了多个图表）

· 含有数据的报告或演示

公共领域

如果我们就此止步，只用数据来获取经济利益，追求商业目标，那么数据对于这个世界、对于人类群体的真正潜力将远远无法实现。更糟的是，这样使用数据可能弊大于利。

一些资本家把对企业赢利的追求置于社会和环境的安全之上。还有什么事情能阻止一个工厂利用廉价劳动力来降低生产成本呢？

理论上，政府监管作为一种制衡力量，在一定程度上可以遏制企业的一些不法行为。但是，如果政客的口袋里满满当当都是这些不法分子的捐款，情况会是什么样的呢？或者，当他们的连任取决于好看的经济指标时，又会发生什么呢？显然，我们不能把政府监管作为遏制企业不法行为的唯一手段。

数据无法把我们从混乱疯狂的困境中解救出来，但它的确可以给我们提供所需的知识，让我们将精力聚焦在世界所面临的主要问题上。政府机构、非营利组织和利益相关人员都可以查找、收集和利用如下数据：

· 环境有关数据，比如气候变化数据；
· 个人权利侵犯数据，比如隐私侵犯相关数据；
· 健康危机数据，比如慢性病和传染病流行数据；
· 侵犯人权和公民权利的行为数据，如歧视和暴力数据。

数据并非完美无瑕，这一点我们后面会进一步讨论。我们不能因为某人就某个观点提供了数据支持，就认为他的观点无懈可击，不容置疑。与环境和社会相关的数据也不例外。收集和分享数据，以及从数据中获取信息、知识和智慧并不是旅程的终点，而只是沿途的一个落脚点。此外，看待数据的角度是多样的，因此，我们应该对数据保持适度的怀疑，也应抱有学习真理的意愿——我们必须暂时信奉这些真理，并且愿意在未来面对某个新发现时修正或放弃它们。

关于这一点，有一个很典型的例子，即著名的“曲棍球杆曲线”（hockey stick graph），它是一条描述全球气温走势的曲线，该曲线最早出现在曼恩（Mann）、布拉德利（Bradley）和修斯（Hughes）三位科学家于 1999 年发表的文章《北半球过去一千年间的温度：推断、不确定性和局限性》（*Northern Hemisphere Temperatures During the Past Millennium: Inferences, Uncertainties, and Limitations*）。后来，克劳斯·比特曼（Klaus Bitterman）对曲线做了修正，并于 2013 年发布了修订后的曲线（原始曲线为蓝色），如图 3–2 所示。

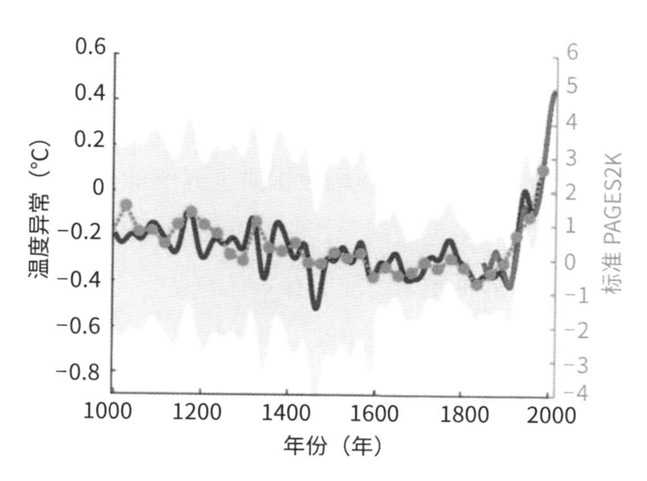

图 3–2　克劳斯·比特曼修正后的“曲棍球杆曲线”（遵循 CC4.0 协议）

这条曲线（及其早期版本）为世界各国人们敲响了警钟，它表明我们的环境正经历着一些惊人的变化。尽管该曲线和相关出版物在科学界引起了激烈的争论，但目前大多数气候学家仍然认为人类活动对全球变暖有直接影响[1]。

虽然专家们的共识不能成为“人类活动引起全球变暖”的证据，但这足以提醒我们要认真对待人类活动所产生的影响。然而不幸的是，在美国，这个话题催生出了顽固的、以价值为导向的群体，他们在经济实力、政治力量，以及公众认可方面互相依赖，这使得对话和向前推进变得异常困难——利用数据来改善我们的环境和社会并不完全是一条康庄大道。

但我们至少有数据可用，而且所有人都可以获得数据。这要归功于“开放数据运动”，该运动起源于科研界、软件开源运动和政府数据开放的理念。其基本思想是，世界的数据应该是全人类的共同财产，每个人都可以自由享用，就像周围的空气一样。

为了让读者理解公共领域数据对世界所能产生的巨大影响，我们再举一个最近的例子，即新冠疫情。新冠疫情蔓延到全世界，给世界各地带来了前所有未有的改变，而且在笔者写作本书之时，这种情况仍在继续。从疫情早期开始，约翰霍普金斯大学系统科学与工程中心等组织就一直在公布不同国家和

---

[1] https://climate.nasa.gov/scientific-consensus/.

地区的确诊病例数和死亡人数。

新闻网站、政府、非营利组织，甚至一些对这些数据感兴趣的个人在疫情期间下载了这些数据，并就疫情在全世界的传播趋势进行了预测和可视化展示。英国教育部门慈善机构——全球变化数据实验室（Global Change Data Lab，位于牛津大学）及其项目“以数据看世界”（Our World in Data）也参与其中，负责人马克斯·C. 罗泽（Max C. Roser）及其团队发布了有关新冠疫情发展的各种图表，比如图 3–3 中的半对数图，描述了截至 2020 年 4 月 13 日各个国家和地区新冠疫情导致的死亡人数的增长情况。

这些对新冠疫情的展示、分析、预测图表在许多国家的居民之间广泛传播。管理机构使用这些信息制订防疫策略，以期最大限度地减少疫情的传播以及其对社区的影响。这个例子凸显了数据在公共领域的重要性，同时也反映了当今世界居民应该具备的数据素养水平。

开放公共数据不仅可以协助我们应对世界级的大问题，也可以帮助我们了解身边的事情。只需在互联网上搜索“（你所在的城市、州或国家）的开放数据网站”，你就可找到大量相关数据。你会找到本地、省级和国家级的大量公共数据集，这些数据集大都与我们的日常生活有关，有些数据集甚至还与一些你料想不到的公共事务相关，例如：

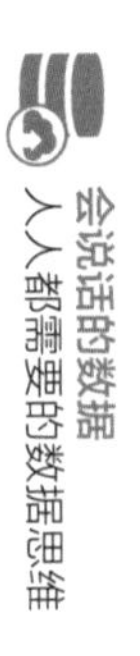

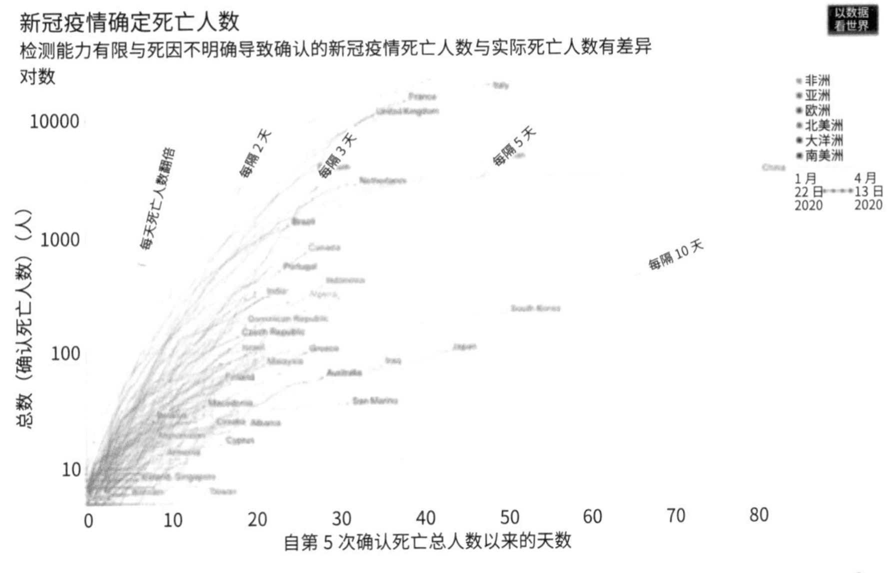

图3-3 截至2020年4月13日各个国家和地区新冠疫情死亡人数的半对数图[1]

［图片来源：欧洲CDC——全球最新情况，最近一次更新时间为4月13日11:30（伦敦时间）。］

---

[1] 该图是马克斯·罗泽、汉娜·里奇（Hannah Ritchie）、埃斯特万·奥尔蒂斯－奥斯皮纳（Esteban Ortiz–Ospina）于2020年发表的《新型冠状病毒疫情——统计与分析》［*Corona virus Disease*（*COVID–19*）*–Statistics and Research*］文章中的一张配图。

- 城市 / 社区级（如 https://data.seattle.gov/）：
    - 城市预算与薪资
    - 建筑许可申请
    - 餐馆检查
    - 按不同学校和地区划分的考试成绩
- 州 / 省级（比如 https://data.wa.gov/）：
    - 消费者向州总检察长的投诉
    - 州级每县、每十年的人口数
    - 州立图书馆地图
    - 薪资最高的州级雇员
- 联邦 / 国家级（如 https://www.data.gov/）：
    - 候选人的竞选捐款
    - 暴风雨事件和每小时降水量
    - 联邦学生贷款计划数据
    - 人口普查数据

其实，我们可以使用的数据集远不止上面这些。有很多政府机构和科研机构也会向公众免费开放大量数据。此外，网上还有大量开放数据网站和资源链接，比如 Github 上的 “Awesome Public Datasets”（由陈夏明创建）。

但就像读书一样，不主动探查数据的人跟不懂探查数据的人相比，没什么优势可言。

练习 3.3

上网搜索一下你的居住地（城市、州、国家）的开放数据站点。查找有哪些页面允许你浏览数据集，并列出三种你感兴趣并愿意探究的数据集。

私人领域

前面我们已经讨论了企业团队、政府机构、社区和社会等群体如何使用数据并从中获取价值。除了上面提到的两个领域，还有一个领域值得讨论，那就是个人私有领域。团队、群组都是由个人组成的，组成人员什么样，团队、群组就什么样。那么，在我们个人生活中，数据是如何发挥作用，帮助我们的呢？

人们使用数据追踪自己的生活、了解自己，以及提升个人成果的历史由来已久。早在 20 世纪中期数字革命开始之前，甚至早在 20 世纪 10 年代体重秤在美国普及之前，人们就已经开始做一些自我测量和自我追踪的事了。

在《本杰明·富兰克林自传》（*Autobiography of Benjamin Franklin*）（成书于 1771—1790 年）中，富兰克林描述了自己的一些美德：节制（T）、缄默（S）、秩序（O）、决心（R）、节俭（F）、勤奋（I）、诚信（S）、正义（J）、中庸（M）、清洁（C）、平静（T）、贞洁（C）、谦卑（H）。他还讲述了自己如何设法让这些美德成为个人习惯——每天晚上反思当天的所作所为，并把没有做到的全部记在一个小本子上（图 3-4）。

我订了一个小本子，一项美德占一页。每一页用红笔画上竖线，形成 8 列，第 2 ~ 7 列分别代表一周中的一天，每天用一个字母表示。再用红笔画十三条与竖栏交叉的横线，每一条横线的开头写上一项美德的头一个字母，每天在自查中发现哪项美德方面一有过错，就在相应的竖栏中的横线上画一个小星号。

节制							
饭不可吃胀；酒不可喝高							
美德	S.	M.	T.	W.	T.	F.	S.
T.							
S.	*	*		*		*	
O.	**	*	*		*	*	*
R.			*			*	
F.		*			*		
I.			*				
S.							
J.							
M.							
C.							
T.							
C.							
H.							

图 3-4　本杰明 · 富兰克林美德追踪日记的再现

今天，在我们的日常生活中存在着大量传感器，这些传感器无处不在，可能存在于我们的手腕上、口袋里，甚至是我们的身体里。这些设备可以估算出我们走了多少步、走了多远、我们的心率是多少、昨晚睡了多长时间、我们的血糖水平，以及其他各种令人眼花缭乱的指标（图 3-5，支持 GPS 功能的智能手表）。依据这些个人信息调整和改善我们的生活不仅可行，而且方式多样。

图 3-5　支持 GPS 功能的智能手表，可记录佩戴者的位置、运动路线和心率

传感器的激增、数据存储能力的增长，以及计算能力的增强，大大提高了我们使用数据的能力，并引发了“量化自我”（Quantified Self）运动。据查，“量化自我”一词由《连线》（*Wired*）杂志编辑加里·沃尔夫（Gary Wolf）和凯文·凯

利（Kevin Kelly）提出。在一篇博文中，凯利写道：

当一个人开始认知自我时，他才会真正发生改变。自我认知包括对自己的身体、思想和精神的认知。许多人寻求这种自我认知，我们欢迎实现自我认知的每种方法。

虽然那些参与“量化自我”运动的人并没有提出个人信息学或自我追踪（也称生活记录）等概念，但这场运动带有21世纪的色彩，有当地聚会、会议、在线论坛和“展示和讲述”活动，人们在其中可以分享各自的项目、方法和学习心得。

相比之下，我们这个时代有一整套的现代化追踪手段，包括前面提到的各种传感器设备（用于自动收集我们的活动数据），以及其他需要手动操作的工具，比如在线电子表格（本杰明·富兰克林美德追踪日记表格的现代化版本）。

但是，即便是在这样一个满是数字工具的世界里，传统的模拟方法仍然有用，而且颇受欢迎。数据艺术家乔吉娅·卢皮（Giorgia Lupi）和斯蒂芬妮·博萨维克（Stefanie Posavec）写了两本关于这个主题的书：《亲爱的数据》（*Dear Data*，2016）和《观察、收集，画出来！》（*Observe,Collect,Draw!*，2018），如图3-6所示。

图 3-6 《亲爱的数据》和《观察、收集，画出来！》

在《亲爱的数据》中，卢皮和博萨维克分享了她们每周通过手绘明信片相互通信的故事，她俩一个在纽约，另一个在伦敦，总共用这种方式通信了 52 周。她们每周沟通的主题都不一样，从购物聊到手机的使用频率，再到对陌生人的微笑频次。与她们个人数据通信项目相关的 8 个“鼹鼠皮”牌笔记本现在收藏在纽约现代艺术博物馆（MOMA）。

另一本书《观察、收集，画出来！》是一本日记，目标是帮助读者们开启“个人文档世界之旅”。书中有一些练习帮助读者建立个人绘画风格，还有一些提示，鼓励读者积极收集和绘制数据，比如睡眠、音乐感受、日常锻炼或活动等。

不管你打算测量和追踪什么，不管你使用的是复杂的数字工具还是简单的纸笔，使用数据追踪你的生活都是提高数据素养的良好开端。

练习 3.4

量化你自己

1. 提问题：选取生活中的一个方面——随便一个方面，比如媒介消费、睡眠习惯、日常通勤，然后写出一个关于这方面的问题。

2. 找答案：选定一个“SMART”（Specific 具体的、Measurable 可衡量的、Achievable 可达到的、Relevant 相关的、Time-bound 有时间限制的）指标，用于帮助我们探寻所提问题的答案。花一段时间追踪这个指标，收集足够多的数据，以供分析研究。

3. 发现：用一种你觉得有用、有趣的方式把记录的数据值绘制在纸上。看看你能否通过这种方式把数据变成信息，再变成知识。

4. 升华：判断要做出怎样的改变，然后付诸实践，把你获得的知识变成智慧。

第4章

四种数据尺度

> 玫瑰易名，芳香依旧。
>
> ——朱丽叶，莎士比亚《罗密欧与朱丽叶》
>
> （II1–2）

在我们的世界里，周围的各种事物、情况都可以分类、计数和度量。从父母在门柱上标出的孩子的身高，到企业统计出某个月的销售额和利润水平，我们每天都在花时间收集经验数据并使用它们。

我们综合运用各种方式收集并积累周围世界的数据，并通过它们分析认识当前形势，进而做出更明智的决定。收集好数据后，我们会把它们聚集在一起，做成简单的列表，或者以行列的形式填入电子表格，或者以记录和属性的形式存入数据库。

话说回来，丈量世界的方法是只有一种呢，还是有很多种？数据类型是只有一种呢，还是有多种不同类型？这些问题涉及数据本身的转换，即对测量和分类系统进行测量和分类。这就要说到“元数据”这个概念，根据《韦氏词典》的解释，“元数据”是指那些提供数据相关信息的数据。

找共同点

美国哈佛大学心理学家斯坦利·史密斯·史蒂文斯

（Stanley Smith Stevens）在20世纪中叶就在思考这几个非常基本的问题。史蒂文斯在哈佛大学创立了心理声学实验室，主要从事测量和研究听觉的主观强度，也就是，人类感受到的声音强度。细想之下，你一定会觉得他的研究不容易。我们可以很轻松地判断一种噪声是否比另一种噪声大，却很难准确地说出大多少或大多少倍。

史蒂文斯和他的同事们在研究中遇到了许多困难，他的研究进展缓慢。20世纪30年代初，他们成立了一个委员会，试图就如何测量人类的这种感觉达成一致。他们争论了七年，最后分道扬镳时，也未达成共识。

1946年6月7日星期五，史蒂文斯在《科学》杂志第103卷上发表了一篇题为《测量尺度的理论》（*On the Theory of Scales of Measurement*）的文章。在文章中，他提出了一种测量理论，该理论不仅适用于心理声学，还适用于所有科学和统计学。他的文章在得到广泛采用的同时，也受到大量批评。接下来，我们来了解一下史蒂文斯提出的理论，以及一些其他测量方法的理论。了解这些理论是培养数据素养的核心。

史蒂文斯提出了四种不同的数据尺度：定类（Nominal）、定序（Ordinal）、定距（Interval）、定比（Ratio）。这四类数据类型的英文单词首字母的缩写为NOIR。如果记不住这个词，就联想一下“黑皮诺红酒”（pinot noir red wine），你就能记住它了。

通常，我们会把这四类尺度分成两组。定类和定序为一组，两类数据都是分类数据（或称定性数据）。这些数据最终会被放入有限的几个具有不同性质的离散分组或类别中。定距和定比属于第二组，这两类数据一般都是定量数据（或数值数据），用来量化其所表示的内容，而且可以参与运算，如图 4-1 所示。

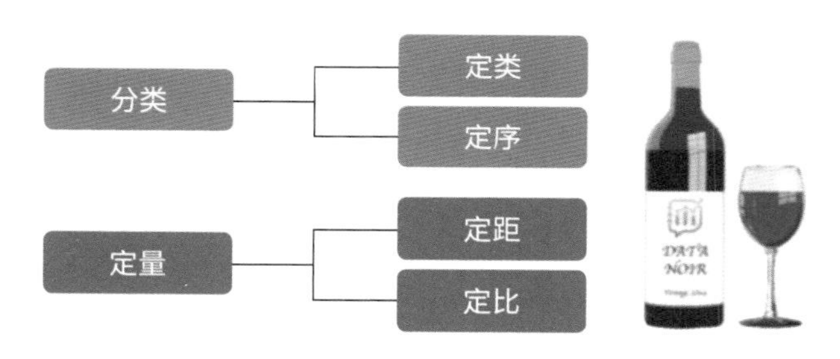

图 4-1　四种数据尺度分成两组

此外，定量数据既可以是离散的，也可以是连续的。离散数据是指一定区间内只能用自然数或整数单位计算的数据，例如硬币的枚数或者用年表示的一个人的年龄。连续数据是指在一定区间内可以任意取值的数据，理论上可以取无限个数值，例如硬币的重量，或一个人活了多长时间（可精确到几分之一秒）。

他还提出，一旦指定测量所属的尺度类型，哪些统计量（比如平均值或百分位数）可以合法使用哪些不能用就确定下来了。接下来，我们具体了解一下每一种数据尺度。

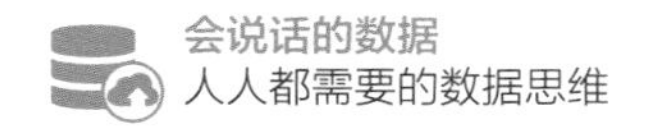

定类尺度

定类尺度是最基本的数据尺度。定类数据尺度就是一些分类变量，只作为标签使用。“Nominal”（定类）一词来自拉丁语nominalis，意思是“与一个或多个名字有关的”，这正是定类尺度所干的事——定类尺度用来区分不同的对象个体或对象组。

需要注意的是，定类尺度并不局限于传统意义上的名字，比如人名、公司名称，或某种水果名称。定类数据也可以是数字，比如足球运动员球衣背面的数字，裁判借助这些数字可以分辨谁是谁。定类数据还可以是一些数字与字母的组合，比如车牌号（图 4–2）。

仅单词或字母　　仅数字　　字母与数字组合

图 4–2　常见的定类数据尺度：水果名牌、球衣编号、车牌号

定类尺度可用来标识唯一个体，比如车牌号。各个国家不会同时给两辆不同的汽车指派相同的车牌号。有时，定类尺度也可以用来表示包含多个成员的组，比如车辆类型（卡车、

小轿车、轿跑等)。任意给定时间内，你都可以在马路上或停车场中看到大量不同类型的车辆。我们看看图 4–3，应用一下定类尺度。

图 4-3　某停车场停放的车辆
[图片来源：Pexels(拍摄者：StephanMüller)]

定类尺度值可用来做什么分析呢?

第一种定类尺度(用作唯一标识符)可用来查找个体对象的数量。

问：停车场里有多少辆注册车辆?

答：停车场内共有 83 辆挂不同车牌的汽车。

第二种定类尺度(组或类别名称)可用来统计某个组别中成员的数量。

问：停车场里有多少辆白车?

答：停车场内共有 14 辆白车。

练习 4.1 仔细看看照片，从中再找出两种定类尺度。

请注意，定类尺度中不存在“大于”或“小于”的固有概念。我们可能有一种喜欢的汽车颜色，但是颜色只能用于简单地区分不同的车辆。定类尺度只有两个规则，第一个规则是我们不能给两个不同的东西指派不同的定类变量（例如，我们不能说一辆汽车既是红色汽车又是蓝色汽车），第二个规则是我们不能给同一个东西指派错误的定类变量（例如，我们不能说一辆灰色汽车是灰色的，而另一辆灰色汽车是白色的）。

前面提到用红酒名帮助我们记住史蒂文斯的 NOIR 数据量表。接下来，想象有一个酒窖，里面按类型和年份摆满了葡萄酒。在这种情况下，你会选择什么作为定类变量？也许你会选择葡萄酒类型，比如黑皮诺、赤霞珠、梅洛。

有趣的是，我们可以互换一个定类尺度的任意两个值，同时保持其指代意图不变，就像本章题词中朱丽叶说的那样。例如，我们一致决定把所有的玫瑰叫成臭鼬，把所有臭鼬叫成玫瑰，只要在所有场合都做这种交换，新数值照样能够正常工作。虽然这听起来有些傻，但有时，定类值确实会发生一些改变，比如一个人改变了姓氏，或者一个公司被一个更大的公司收购。

接下来，我们学习定序尺度，这种尺度可以反映事物按照某种特性所进行的排序。

定序尺度

定序尺度（ordinal scales）是另外一种分类量表类型，“ordinal”（定序）这个词来源于拉丁语的“ordinalis”，意思是“与序列中的顺序相关的”，这说的正是定序尺度的作用，即指示尺度中不同层级的顺序。定序尺度还支持等于或不等于判定，而这些判定在定类尺度中是不被允许的。

例如，在一些比赛中，参赛者可以把自己在所参与项目中获得的奖牌（金牌、银牌、铜牌）带走。这些奖牌的名称不一样，但也有一个固有的顺序。金牌优于银牌，银牌优于铜牌。图 4–4 为数据素养奖中的三个级别奖项。

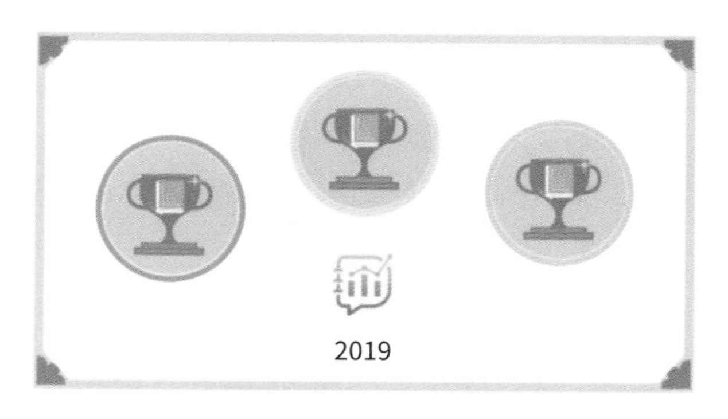

图 4–4　数据素养奖中的三级奖项

定序尺度的数据也可以是数字，例如在满意度调查中，你可以给某个产品一个 0 到 5 之间的评分（称为“李克特量表”）。根据定义，5 比 4 好，4 比 3 好，以此类推。

定序尺度的数据也可以是字母，例如美国职业棒球联盟的不同级别或珍珠的质量等级（A、AA、AAA）。当一个球员变得越来越强时，他的级别会从 A 级上升到 AA 级，再上升到 AAA 级，这个等级有一定的内在顺序，从字母个数就可以看出来。

再次回到葡萄酒地窖的例子，我们选择哪一种定序变量为葡萄酒分类好呢？当然是葡萄酒的等级（从 0 到 5）。假设酒窖中的酒瓶有三种不同尺寸，分别是小、中、大。这种情况下，我们也可以把酒瓶尺寸作为定序变量使用。但是这里，我们不能把酒瓶容积选作定序变量，原因稍后说明。

练习 4.2

现在，我们回头看一看图 4-3，仔细观察该图，从中找出两个定序尺度。请尽情发挥你的想象力（例如，跑完比赛的先后顺序，或者在车展中的位置）。

仔细想想，你会发现定序尺度有一个有趣的点，那就是两个连续等级之间的距离不一定相同。这什么意思？金牌、银牌之间的差别和银牌、铜牌之间的差别是一样的吗？不见得。就价值而言，有人认为银牌铜牌相差不大，但金牌银牌就差远了。

类似地，在给一部电影或一顿饭打分时，你可能觉得 3 星和 4 星之间的差别很小，但 4 星和 5 星之间的差别非常大。另一个人的评分方式可能与此相反，他可能会觉得 4 星和 5 星差别不大，但从 4 星降到 3 星是个很大的问题。这样的评分系统具有较强的主观性，因此不完全是线性的。

所以，在两个连续值之间，定序尺度不保证间隔大小都是一样的。而定距尺度恰好可以做到这一点。

定距尺度

第三种数据尺度是一种定量尺度，就是 NOIR 中的 I，即定距尺度。定距尺度建立在前两种尺度基础上，两个连续级别之间的间隔保持相等，即定距尺度上的点与下一个点的距离是相等的。

例如，室内温度（华氏温度或摄氏温度）从 10° 到 20° 相差 10°，从 20° 到 30° 相差也是 10°，两个间隔是一样的。由于这个特性，在定距尺度内做加减法操作都是有意义的。

定距尺度有一个有趣的特性，即它没有“真正的”或绝对的零点。定距尺度的零点是一种约定或便利的说法，它不是“无”或“什么都没有”的意思。以温度为例，0℉和 0℃并不意味着“没有温度”，它们只是一种约定而已。在摄氏温标中，人们把 0℃选定为水由液态变为固态的温度，但这并不意味着 0℃完全没有温度。

定距尺度的其他一些例子包括：

· 历年（没有“零”年，公元前 1 年之后是公元 1 年，大家就是这样约定的）

· 坐标位置（经纬度为 0 的地方并非真的不存在）

练习 4.3

定距尺度可能更不好找，因为它需要有一个假定零点。再次回到停车场的照片，请至少找出一个定距尺度的例子（提示：考虑一下车龄或位置）。

再次以酒窖为例，酒窖里面可能分成几个不同温度的区域，分别存放不同年份的葡萄酒，这也是一个定距尺度。酒瓶标签上印着的葡萄酒年份（指示葡萄的采摘时间）也是如此。

在了解第四个数据尺度之前，先思考一下这个问题：20℃要比 10℃暖和一倍吗？不是，对吧？！这个问题涉及最强大的一种定量尺度——定比尺度。

定比尺度

定比尺度是第二种定量尺度，它是史蒂文斯提出的第四种（也是最后一种）测量尺度。与定距尺度不同的是，它有一个绝对零点，代表“无”或“什么都没有”。因此，在定比尺度下，做乘除运算是有意义的，也就是说，定比尺度支持乘除运算。

我们以杂货店磅秤上一个西瓜的重量为例子做讲解。假设一个西瓜重 20 磅（1 磅 ≈ 0.4536 千克）。那么，我们可以说它的重量是一个 5 磅重的菠萝的 4 倍。如果磅秤上没有西瓜，磅秤的读数应该是 0 磅，也就是说，我们使用的是一个有绝对零点的定量磅秤。

我们可以这样说：一个西瓜从 10 磅长到 15 磅，重量增加了 50%；或者说，它现在的重量是先前重量的 150%，即是原来的 1.5 倍。像这样，在表现重量变化时，我们可以使用百分比、比率这样的字眼。但是，在描述温度或历年变化时，我们不能使用这样的表述，因为后者不是定比尺度。

仔细想想，你会发现，定比尺度兼具其他三种尺度的能力。与定距尺度一样，间隔相等的概念在定比尺度中也是适用的。例如，20 磅和 25 磅西瓜之间的重量差与 25 磅和 30 磅西瓜之间的重量差是一样的。与定序尺度一样，定比尺度也支持大于与小于比较，例如，一个 21 磅重的西瓜重量大于 20 磅重的西瓜，小于 22 磅重的西瓜。与定类尺度一样，在定比尺度中相等判定也适用，例如，一个 21 磅重的西瓜和一个 20 磅重的西瓜重量不相等，但是与另外一个 21 磅重的西瓜重量相等。

图 4–5 简单总结了 4 种尺度及其属性的相关情况。

图 4-5 NOIR 四种尺度及其属性

史蒂文斯指出，基数（用来统计物体的个数，比如统计停车场中白车的辆数）可以看作定比尺度。此外，他还指出，定比尺度既可以是“基本的”，也可以是“派生的”。基本定比尺度对应于可以直接测量的量，例如长度和重量。而派生定比量表适用的量是基本量的数学函数，例如密度，即质量除以体积。

在酒窖的例子中，讲定序尺度时提到了酒瓶尺寸这个变量。如果用酒瓶容积替换酒瓶尺寸的名称会怎么样？例如，把“小”替换为 375mL，“中”替换为 750mL，“大”替换为 1.5L。它是一个定比变量类型，每个酒瓶的重量或成本也都是定比变量类型。

练习 4.4

找找周围有哪些数据属于定比尺度。回看图 4-3，从中找出三个可以使用定比尺度测量的对象属性。

对于初次学习数据的人，NOIR 分类法很有用，但它也有局限性。接下来，我们讲讲 NOIR 分类法存在的一些问题，了解一下如何使用好它，以及有哪些替代方法。

异议与替代类型

1946 年史蒂文斯发表《测量尺度的理论》一文后，统计学教科书的编者很快就在教材中采用了定类、定序、定距、定比的分类法，因为它简单且易于解释。但从那时起，统计学家和从业者也开始反对在探索性数据分析中过分严格地使用这种分类法。而一些统计软件会根据变量的尺度类型的定义严格限制变量的用途，使得反对的声音愈加强烈。

弗雷德里克·洛德（Frederick Lord，1953）提出的一个批评是，数字并不知道或不关心它们是什么样的尺度类型。他讲了一个有趣的故事，故事中有一个虚构的“X 教授”被派来给学校足球队的队员分配球衣号码。他知道球衣号码只是名义上的，并没有序数或数量上的意义。因此，当大一学生抱怨“大二学生嘲笑我们的球衣号码比他们的球衣号码小”时，他感到很惊讶。他发现大二学生在现实世界中使用这些数字来表示“可笑指数”，因此，他在随后的分析中把球衣号码视为定量的而不是定类的。

因此，我们不能太死板地使用尺度类型，因为尺度往往取决于对数据所提的问题，而非数据本身的一些固有属性。

对史蒂文斯分类法的另外一个批评是，它没有完全涵盖我们在现实世界中遇到的所有常见数据类型。例如，考虑0%到100%之间的百分比，如某个行业中女性高管所占的百分比。这个百分比由两个基数（或计数）变量相比所得分数确定：女性高管人数（分子）和高管总数（分母），如图4–6所示。那么这个变量属于哪种类型的数据尺度？

分数、分子、分母

例子：公司中八分之五的高管是女性

$$分数 = \frac{分子}{分母} = \frac{5}{8}$$

图4–6　分数、分子、分母

分数中的两个值都可以认为是定比尺度，但是分数本身呢？我们还可以把这个商表示成分数、比率（不要和“定比尺度”混淆）、小数或百分比形式，如图4–7所示。

分数、比率、小数、百分比
例子：公司中八分之五的高管是女性
表示为 ...

分数：	5/8	八分之五
比率：	5∶8	五比八
小数：	0.625	零点六二五
百分比：	62.5%	百分之六十二点五

图4–7　分数、比率、小数、百分比

我们会在下一章详细讲解百分比。

史蒂文斯提出的尺度系统没有考虑其他重要的数据属性，比如一个量是离散的（在一个范围内只能取有限个值，如整数）还是连续的（在一个范围内可以取无限个值，如实数），或者是否可以小于零。因此，统计学家弗雷德里克·莫斯特勒（Frederick Mosteller）和约翰·W. 图基（John W. Tukey）在 1977 年的著作《数据分析和回归：统计学的第二门课程》（*Data Analysis and Regression: A Second Course in Statistics*）中提出了另一套数据类型：

· 名称

· 年级（例如，一年级学生、二年级学生、三年级学生、四年级学生）

· 排名（从 1 开始，可以是最高排名或最低排名）

· 计数分数（介于 0 和 1 之间，如百分比）

· 计数（非负数）

· 金额（非负实数）

· 余额（无限、正数或负数）

归根结底，数据是有用的，因为它可以帮助我们了解世界。所以我建议你尽可能多地了解所用数据的属性（元数据），以便知道如何更好地使用它们。此外，我们对数据的含义和使用方式应该保持开放态度。最终你会发现，我们是可以从某个数据变量中得到一些意想不到的知识或见解的。

练习 4.5

数据素养聚会的组织者在与会者进门时向他们赠送抽奖券。抽奖券号从 1 号开始，依次递增。你得到的是 41 号抽奖券。坐你旁边的人的抽奖券号是 35 号。演讲结束时，组织者抽出 81 号作为抽奖的幸运儿。在如下场景中，抽奖券分别属于哪种数据尺度类型：

· 你看了看抽奖券，发现并没有中奖。

· 你发现自己比旁边的人晚到了。

· 迎宾员发现最后送出的一张抽奖券号码是 126，表明这个月参加聚会的人数是上个月的两倍多。

练习 4.6

回到练习 3.4，想一想你用来追踪自己生活的那个变量。它属于哪种数据尺度类型？

第5章

五种数据分析方法

> 分析可以告诉我们需要什么，但不能让我们行动起来。
>
> ——玛丽·弗朗西丝·贝里
>
> （Mary Frances Berry）

虽然许多组织都在拼命地收集数据，但收集数据的目的绝不单单是积累数据。在第1章中我们就已经说过，收集数据的目的在于把它们变成信息，再变成知识，最后变成智慧。

整个过程是如何实现的呢?

为了把数据转化成智慧，我们需要分析数据，搞清楚数据要告诉我们什么。此外，我们还可以使用各种分析技术来预测未来会发生什么，帮助我们规划好下一步该怎么走。然后，我们再使用数据评估结果，进一步改进我们的方法，以便下一次获得更理想的结果。

在第3章中我们提到过，数据和分析都可以应用到专业领域、公共领域和私人领域中。就像我们在第2章中讨论的那样，我们可以把数据分析结果与我们的直觉、经验做比较，从而对世界形成一个更为完整的认知。对于两种思维系统，与其偏信其中一种，倒不如同时应用它们，并对它们保持好奇和怀疑的态度。

英语中有两个单词Analysis和Analytics，译成中文都是

“分析”，但是二者的内在含义还是有区别的。Analysis 是一个通用术语，指的是把某件东西拆解开，弄清其组成元素或结构。Analytics 是指发现、理解、表达数据中有意义的模式。此外，Analytics 这个词也经常用来特指更为先进的机器学习技术，比如决策树、神经网络。

在这一章中，我们介绍五种数据分析方法：描述性分析、推理性分析、诊断性分析、预测性分析和指导性分析。这五种分析方法在复杂性和不确定性方面依次增加，同时它们提供的价值和竞争优势也在增加。当然，这并不是说某一种分析方法会比其他方法更好，事实上，每种分析方法都有其功能和用途，就像工具箱中的不同工具一样，如图 5-1 所示。

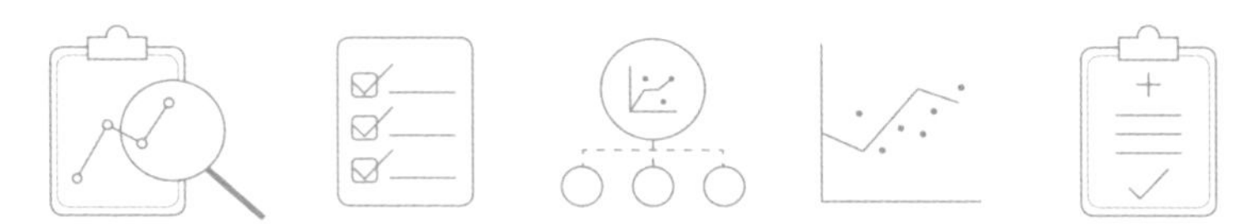

图 5-1　五种数据分析方法

描述性分析

首先我们看看描述性数据分析方法，它是最基本、最常见的数据分析方法。就技术难度而言，它也是一种最简单的数据分析方法。

描述性数据分析可提供如下问题相关的一些信息：

发生了什么？

使用这种方法分析数据后，我们能从数据中找出与主题相关的时间、地点、人物、事件。

有时，描述性分析使用的数据太新了，感觉就像是在回答“现在正在发生什么”一样。例如，当前坐在教室里的学生名单，或者在轮班即将结束时的某个仓库中所有产品的报告。

无论这些数据是今天的、昨天的，还是过去某个时间的，描述性分析都能提供关于这个世界的有价值的信息。就像挖掘其他有价值的资源一样，我们需要付出努力才能有所收获。

当你想搞清楚数据要告诉我们什么的时候，可以使用一些常见的统计方法。例如，描述性统计方法给我们提供了汇总一系列数据值的方法，使得我们不必记忆整个数据集。毕竟，随着数据集尺寸的增加，即使里面只包含少数几个值，人脑也很难记住它们。稍后我们会讲到，计算统计量也是一种把数据变成信息的方法。

我们一起看几个统计量，学习一下如何使用它们做描述性数据分析。为此，我们要虚构一个场景，但里面用到的数据是真实的。

假设你住在美国华盛顿州西雅图市的南湖联盟社区。这个城市刚赢得“起重机之城”的绰号，原因是到处都在搞建设。

2018 年 11 月初，你开始对该地区（大致为联合湖公园 1 英里[1]半径范围内的区域）近期的建筑许可申请情况感到好奇。图 5-2 为西雅图联合湖公园。

图 5-2　西雅图联合湖公园

你找到一份西雅图建筑审查局在 11 月前 5 天收到的建筑许可申请清单，看看从中能了解到什么。表 5-1 是这批建筑许可申请一览表：

[1] 1 英里≈ 1.61 千米。——编者注

表 5-1　南湖联合社区内提交的建筑许可申请一览表
（2018 年 11 月 1 日到 5 日）

许可编号	许可类型	申请日期	预估项目成本（美元）
6691497-CN	商业	11/1/18	83647
6697224-CN	独户 / 复式	11/2/18	175000
6697189-EX	独户 / 复式	11/2/18	100000
6688729-CN	商业	11/2/18	70000
6625505-CN	独户 / 复式	11/5/18	336392
6697498-CN	商业	11/5/18	200000
6697455-CN	商业	11/5/18	3000
6697438-BK	商业	11/5/18	483975

计数

对于这种项目列表，一个最简单的处理就是使用前一章中介绍的“基数”来统计项目数量。表 5-1 中总共列出了 8 条建筑许可申请信息，每条申请都有一个唯一的许可编号（第一栏）。知道这一点很有用，因为存在重复申请的可能性。

以上是对数据集中单个项目或实体的数量进行的计数，我们还可以对按某个数据尺度分组的项目进行计数。

（1）按定类变量计数：我们可以对属于某个类别（每个类别都有自己的定类变量名）的特定项目的数量做统计。例如，有 5 份申请属于“商业”许可类别，3 份属于“独户 / 复式”类别。

（2）按定序变量计数：第二种分类变量是定序变量，前面讲过，定序变量是有固定顺序的。表格 5.1 中没有定序变量，但我们不妨设想表格中有一个申请状态列，用来显示申请的当前状态（等待审核、待补充信息、结案）。根据审核处理流程，这些分类变量有一个固定的顺序，我们可以统计每个阶段中各有多少份申请，与我们统计“许可类别”定类变量时一样。

（3）按定距变量和定比变量计数：当我们从两个定类变量（定类和定序）转到两个定量变量（定距和定比）时，我们仍然可以对列表中的项目进行计数。为此，我们需要根据数量值的连续范围创建多个“分箱”（bins）。例如，表格 5.1 中的“预估项目成本”一列。根据项目预估成本所在的区间，我们可以把所有项目申请做如下分组：

· \$0–\$99999：三条申请（6697455-CN、6688729-CN、6691497-CN）

· \$100000–\$199999：两条申请（6697189-EX、6697224-CN）

· \$200000 及以上：三条申请（6697498-CN、6625505-CN、6697438-BK）

最小值和最大值

只要一组数据包含两个不同的数值，那这组数据肯定就有最小值和最大值。最小值和最大值是两个非常简单的统计量，但是使用的频率却很高。例如，在表格 5.1 的“预估项目成本”一列中，预估成本的最小值和最大值分别如下：

· 最小值：$3000（许可证编号 6697455-CN）为数据集中最低的预估项目成本。

· 最大值：$483975（许可证编号 6697438-BK）为数据集中最高的预估项目成本。

总数（总计）

在描述性分析中，一个最基本的步骤就是把所有定量变量加起来，好让我们了解总共要处理多少事。

例如，把 8 个预估项目成本加起来，我们会得到一个总数——1452014 美元。通过这个数字，我们可以了解到近期我们所在地区的建筑商提交给政府审批的 8 个建设项目总共要花多少钱。

对定量值求和是一种非常有用且常见的分析方法。公司会按月、季度和年来计算销售总额；政府会把每个人口普查区的人口加起来，算出该州或国家的总人口数；我们会把每年的收入加起来，根据总收入算出我们应交的税额等。

不过，并非所有数量的加总计算都有意义。想象一下，在一个月时间内，你每天测体重，并把每次测量的值记录在表中。在这个场景下，如果我们把每天的体重数全部加起来，算出“月总体重”是 4679 磅，这个数字不会使我们获得任何有价值的信息或意义。

比率、小数、百分比

算出数据个数与总和后，我们通常还会计算某部分或子集在总数中占多少。此时，我们可以使用比率（$x : y$）、小数（介于 0 到 1 之间）或百分比（从 0% 到 100%）来表示。

用我们感兴趣的部分除以总数是一种简单的计算。例如，我们想知道 2018 年 11 月前 5 天的商业建筑许可证申请数（5）与总申请数（8）之间的关系：

· 用比率表示：5 份商业建筑许可申请对 8 份申请总数 =5 ：8 或 5/8

· 用小数表示：5/8=0.625

· 用百分比表示：5/8=0.625×100%=62.5%

百分比的含义是“每一百个中有几个”，因此如果数量较少，不建议使用百分比。本例中，表格里总共只有 8 个申请，所以说“62.5% 的申请属于商业类”容易引起误解，因为申请总共还不到 100 份。在数量较少的情况下，建议使用小数或比率来描述占比关系。

有时，我们会看到小于 0 或大于 1.0 的小数。类似地，我们有时也会看到百分比小于 0% 或大于 100%。这些情况下，我们通常不是在比较部分与整体，而是在比较两个完全不同的值，比如上周的申请数量与本周的申请数量的比值（百分比的变化），或者政府部门一周内成功处理的申请数量与周目标的比值（业绩与计划之比）。后面我们还会讨论这些情况。

集中趋势度量

遇到一组数据时，我们通常会想知道这组数据是否有一个代表值或典型值。这么说可能有些让人摸不着头脑，说白了，我们就是想找到这组数据的中心点。在统计学中，这称为“集中趋势”。

集中趋势最常用的一个指标是平均数，此外还有中位数、众数。接下来，我们分别看看这三个指标，看看向上面的表格添加更多行时，各个指标会发生什么变化。

· 平均数：这里指的是算数平均数，把所有数值加起来，然后用总和除以数值个数，即可得到算数平均数。例如，计算所有建筑项目（8 个）预估成本时，计算方法如下：

计算平均数

$$\frac{(83647+175000+100000+70000+336392+200000+3000+483975)\text{美元}}{8}$$

$$=\frac{1452014\text{ 美元}}{8}$$

$$\approx 181502\text{ 美元}$$

最后，我们算得 8 个建筑项目（2018 年 11 月前 5 天）的平均预估成本约为 181502 美元。人们常把平均数称为“代表值”，它是一个单一的值，你可以用这个值代替其他所有值做求和运算，最终得到的总和是一样的。

· 中位数：中位数（又称中值）是另外一种确定数据中心值的方法。求中值时，我们需要先按顺序（升序或降序）排列数据，然后取最中间的一个值。例如，总共有 9 个数据，我们先按顺序排列这 9 个数据，然后取第 5 个数据作为这组数据的中位数，中位数前面有 4 个数据（小于或等于中位数），后面有 4 个数据（大于或等于中位数）。在一个数据集中，若数据为奇数个，则中间一个数为中位数。

若在一个数据集中，数据个数为偶数（比如本例中的 8 个），那中间就有两个数，而不是一个数。在本例中，数据个数为 8 个，中间存在两个数，即第 4 个和第 5 个。对于数据个数为偶数的数据集，按照如下方法求中位数：首先对中间的两个数求和，然后除以 2，得到平均数，这个平均数就是这个数据集的中位数。本例中，8 个预估项目成本的中位数就是中间两个数（第 4 个数和第 5 个数）的平均数，即 137500 美元。

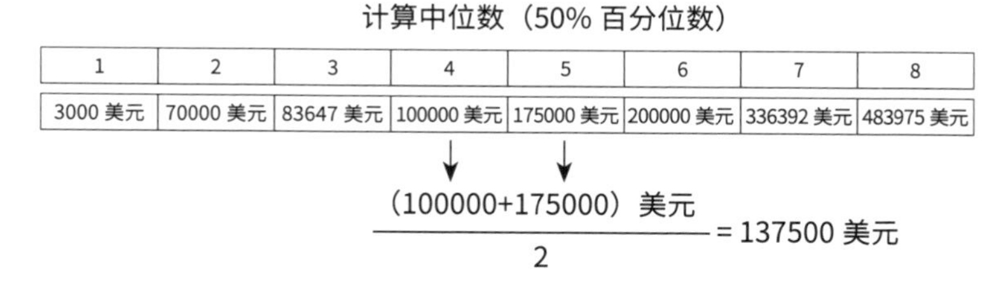
计算中位数（50% 百分位数）

1	2	3	4	5	6	7	8
3000 美元	70000 美元	83647 美元	100000 美元	175000 美元	200000 美元	336392 美元	483975 美元

$$\frac{(100000+175000)\text{ 美元}}{2}=137500\text{ 美元}$$

· 众数：众数是指一个数据集中出现次数最多的那个数。

在表格 5.1 的 8 行数据中，没有一个预估项目成本的出现次数超过一次，所以不存在众数。对于连续数据来说，这种情况很常见，因为在由连续数据组成的数据集中，每个数可能都不一样。

换一个例子，假如我们希望了解某项活动参与者的年龄的众数（以岁为单位）。假设当前参与者有 25 人。其中，32 岁的参与者最多，有 7 人；第二多的是 28 岁，有 6 人。这种情形下，参与者年龄的众数就是 32。如果参与者还有第 26 个人，只是他晚来了，他的年龄是 28 岁，此时会怎么样呢？此时，我们就有了两个众数，一个是 32 岁（7 人），一个是 28 岁（7 人）。

对这类数据集进行可视化有助于我们更好地分析数据，有关内容我们将在下一章中讲解。

再谈集中趋势

我们一起了解一下，当向数据集中添加新数据时，平均数、中位数、众数等统计量会有什么变化，以及它们之间有何区别。表 5–1 中，如果再迟一天收集建筑许可申请数据，表格中将多出两行数据——如表 5–2 所示，本月的第 9 个和第 10 个申请是在 11 月 6 日提交的。

表 5-2 更新后的表格中新增了两条建筑许可申请数据

许可编号	许可类型	申请日期	预估项目成本（美元）
6691497-CN	商业	11/1/18	83647
6697224-CN	独户 / 复式	11/2/18	175000
6697189-EX	独户 / 复式	11/2/18	100000
6688729-CN	商业	11/2/18	70000
6625505-CN	独户 / 复式	11/5/18	336392
6697498-CN	商业	11/5/18	200000
6697455-CN	商业	11/5/18	3000
6697438-BK	商业	11/5/18	483975
6697738-EX	多户	11/6/18	17000000
6694765-PH	商业	11/6/18	460000000

第 10 个建筑许可申请项目是你住处附近的一个体育场馆的整体翻新项目。这导致新增的两个建筑项目的预估成本远高于前面 8 个建筑项目。新增了两行数据后，我们重新计算一下整个数据集的平均数和中位数：

· 新平均数 ≈47845201 美元（旧平均数 181502 美元）

· 新中位数 =187500 美元（旧中位数 137500 美元）

请注意，新增了两行数据后，平均数大了很多。相对于其他 8 行数据，两行新增数据中的预估项目成本算是“异常值”，即它们与其他预估项目成本存在着巨大差异。

项目预估成本平均数的增加幅度比中位数大很多，因为计算平均数时需要把所有预估成本加起来，这使得异常值对总和产生了巨大的影响。相比之下，计算中位数时，只需要按大小顺序排列所有预估成本并找出最中间的数值。因此，如果我们向数据集中新添加一个最大值，不管这个新的最大值是与原来的最大值差不多，还是大很多，它对中位数的影响都是一样的。

这是中位数很重要的一个特征，正是由于这一点，当我们谈论房价、工资或资本净值时，才会经常使用中位数。毕竟，这些变量往往会有极端值，这与人类身高或体重不一样，人类的身高或体重再怎么离谱，也不会差得那么大。

离散程度

找到一组数据的中位数之后，我们要搞清楚每个数据与中位数的差异程度，即离散程度。离散程度的测度指标有多个，这里我们只讲两个常用的：极差与标准差。

· 极差：极差又称全距，指的是一组数据中最大值与最小值之间的差距。

· 前8个建筑项目的预估成本极差为：

（483975–3000）美元 =480975 美元

· 前10个建筑项目的预估成本极差为：

（460000000–3000）美元 =459997000 美元

通过极差，我们可以知道所有建筑项目中最高预估成本与最低预估成本之间的差距。

· 标准差：标准差是反映数据集离散程度的另一个常用的指标。标准差小，表示数据集中大部分数据都比较接近平均数。相反，标准差大，表示数据集中大部分数据与平均数之间有较大的差异。

练习 5.1

假设你正主持着一个由企业家组成的聚会小组，你想鼓励现有成员邀请一些初次创业的小老板加入小组。图 5–3 为某聚会小组活动照片。

图 5-3　聚会小组活动照片

［照片来源：Unsplash（NeONBRAND）］

你邀请参加最近一次月度聚会的人填写一份签到表，并让他们写下自己的名字、与会者身份（会员或访客），以及企业经营年限。如表 5–3 所示。

表 5-3　最近一次月度聚会参加人员统计表

名字	与会者身份	企业经营年限
Giorgia	会员	12
Alberto	会员	6
Enrico	会员	7
Robert	会员	3
Hannah	会员	25
Cheryl	会员	5
RJ	会员	8
Santiago	会员	7
Andy	访客	2
Steve	访客	4
Sarah	访客	3
Jordan	访客	1
Valerie	访客	3
Jane	访客	6

将表 5-3 做成电子表格后，计算如下各项：

- 计数：
  - · 与会者总数
  - · 按与会身份统计人数
- 最小值和最大值：
  - · 与会会员最低企业经营年限
  - · 访客与会员最高企业经营年限

- 总数：
  - ·所有与会会员企业经营总年限
  - ·所有与会者企业经营总年限
- 比率、小数、百分比：
  - ·会员与访客的比率
  - ·非会员与会者所占比例（小数形式）
  - ·会员与会者所占比例（百分比形式）
- 集中趋势度量：
  - ·所有与会会员企业经营年限的平均数
  - ·所有访客企业经营年限的中位数
  - ·所有与会会员企业经营年限的众数
- 离散程度：
  - ·所有与会人员企业经营年限的极差
  - ·所有与会会员企业经营年限的标准差

推理性分析

与描述性数据分析类似，推理性数据分析主要关注的也是过去发生的事情，但不同之处在于，它不仅会涉及已有数据，还会涉及没有的数据。

所谓“推理”，就是指从事实或前提中推导出结论。“推理”的同义词包括“推断”、“推测”和“猜测”。“推理”的过程包含从已知到未知的推理过程。

推理性数据分析旨在回答如下问题：

其他的是什么样的？

这是什么意思？在什么情况下，使用推理性数据分析是必要的或有用的？针对某个群体收集数据时，如果无法做到对每个个体分别收集数据，推理性分析就派上用场了。

对群体中每个个体收集数据需要投入的金钱或时间远超承受能力，这就属于一种“无法做到”的情形。比如，对你所在州或省的每一位居民做民意调查。还有一些情况也属于“无法做到”的情形，比如目标群体是假设的或者是未知的，像尚未上市的某种处方药的最终用户——我们无法提前知道将来谁会使用这种药物。

推理统计旨在使用群体的一部分数据（样本数据）来推理群体的整体特征。

· 群体（总体）由多个个体成员组成，这些个体成员之间的共同特征可能有一个，也可能有多个，这取决于你希望了解什么。例如，你希望了解的可能是购买了某种产品的所有用户，可能是某所大学工程系的所有大一学生，也可能是州内所有蓝眼睛的司机。总之，标准由你自己确定。

· 样本是指从总体中抽取的少量观察值。假设有 10000 名客户购买了某件产品，但我们无法联系到所有客户。那么在做调查时，我们可以从所有客户中选出 5000 人、1000 人、250

人，甚至2人。这些从全部客户中选出的一部分客户就是样本。一般来说，样本容量（样本中个体的数量）越大，我们对总体的推理就越有信心。

通过统计推理，我们最终要确定总体的某个参数，它可能是满意度、身高，或者别的什么。为此，我们需要从样本中收集数据，并计算样本的统计量。总体有参数，样本有统计量，这就是由少到多的归纳概括方法。

· P->P：总体（“多”）有参数（例如，所有加拿大成年人的平均身高）。

· S->S：样本（“少”）有统计量（比如，随机选择的1000名加拿大成年人的平均身高）。

再举几个例子。做客户满意度调查时，推理性数据分析是一种常用方法。这种调查通常只针对全体客户中的一部分客户实施。在收到调查问卷的人当中，有时只有一部分人认真作答。那么，针对部分客户的调查结果在多大程度上反映了全体客户的特征呢？在这个例子中：

· 总体：符合某一个或一组条件的所有客户

· 参数：所有客户满意度得分的中位数

· 样本：回复电子邮件问卷调查的客户

· 统计量：受调查对象的满意度得分的中位数

还有一个从样本（而非总体）收集数据的例子是破坏性质量控制测试。在这类测试中，测试人员会用某种方式破坏产品，以此收集产品制造质量有关的数据。例如，品质工程师每天会从手机生产线上拿走少量手机，然后让它们从一定高度掉落到水泥地面上，观察手机是否发生破裂。显然，这种破坏性测试只能针对一小部分手机开展，而不可能针对每部手机展开，否则生产厂家将无手机可卖。那么，他们如何能只通过样本数据来评估整批手机的整体质量水平？在这个例子中：

· 总体：一条生产线上生产的所有手机

· 参数：能够承受 1.5 米跌摔测试的手机的占比（百分比）

· 样本：从每批手机中抽取的少量手机（用来做抗摔测试，以检查手机质量）

· 统计量：样品中通过 1.5 米跌摔测试的手机的占比（百分比）

这些情况下，我们会使用“统计推断”（即推理性分析方法）来分析数据，得出结论，并做出决定。本节会讲解一些推理性数据分析相关的重要内容，但不会像统计学入门课程那样细致，因为我们的主要任务是帮助大家理解统计学中的关键概念，而不是带大家去做一些统计假设检验。

样本特征非常重要，它会对我们的推断结果产生巨大影响。

样本容量

样本容量指的是从总体中抽取的观察值的数量，常用字母 n 表示。如果有 250 个人参与了客户满意度调查，那么样本容量就是 250，即 n=250。

科学家、统计学家和分析师设计实验或制订数据收集计划时，常常需要仔细考虑样本容量。一般来说，样本容量越大，我们从样本中推断出的参数值就越准确。毕竟，如果你在一家医院只调查了 4 个病人，那对于那周 7000 名门诊病人的看病体验你能推断出什么呢？但是如果你调查了 400 个病人，情况肯定会好上许多。

也就是说，如果有人跟你分享他从样本数据中获得的发现，但没有告诉你样本容量，那你应该主动问一下。如果样本量很小，那你就应该对他们做出的结论保持谨慎。

群体大小

群体大小指的是群体中所有成员的个数。“群体”（population，本意是“人口、人口数量”）不一定指居住在某个地方的人口数量。“群体”的组成是多种多样的，可以是人、事件、事物等。前面提过，一个群体中的所有成员至少要有一个共同特征。

如果一个调查的数据集包含的是全体人口中每位成员的数据，这种调查就称为“普查”。美国联邦政府每 10 年进行一次的人口普查就是一个例子，在这个普查中，居住在美国本土以及 5 个海外属地的每个人都被计算在内。

为了鼓励民众参与调查，巴拉克·奥巴马曾在推特上写道：今天是人口普查日，我们每个人都至关重要。填写 2020 年人口普查表，决定了未来十年你所在社区的面貌，包括道路、医疗保健、学校、民意代表，等等。请花几分钟通过电子邮件、电话、线上页面参与一下。

代表性样本

从总体中选择用于收集数据的样本时，我们的主要目标是找到能够代表总体的样本。所谓“代表性”是指选择的样本能够准确地反映较大群体的特征。

寻找代表性样本时，常用的一个方法是简单随机抽样法，即从总体中随机抽取样本，在这种情况下，总体中每个个体受到抽取的机会完全相等，如图 5-4 所示。

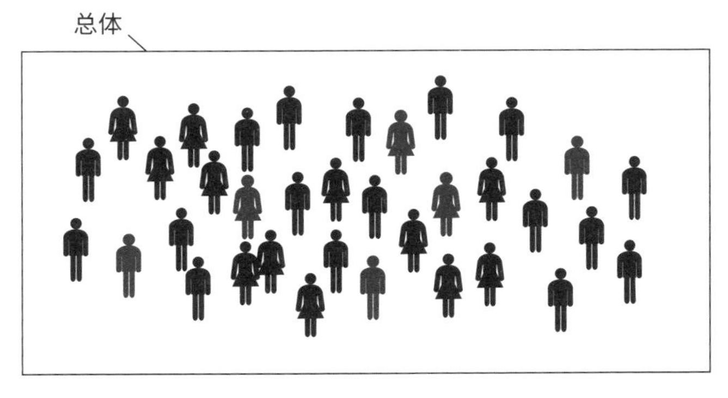

图 5-4　从总体中随机抽取样本

但是，在随机抽样过程中，当一个子组被抽中的频率高于另外一个子组时，就会产生抽样误差。

另一种抽取代表性样本的方法是分层抽样法，这个方法常被用在全国性的民意测验和调查中。使用这种方法容易抽出具有代表性的调查样本，选出的样本能够充分反映特定群体的特征。例如，如果研究人员知道总体中 45% 的人是男性，那么他们会确保样本中有 45% 是男性。此外，他们还会根据其他特征对样本进行分层，比如地理位置或政治倾向等。

有偏样本

在抽样时，确保抽取的样本具有很好的代表性，能够充分反映总体特征至关重要。例如，通过调查斯里兰卡学生，我们无法了解有关俄国退休人员的任何情况。这是一个极端的例子，荒谬之处显而易见，但确实有一些奇怪的抽样方法会导致抽取的样本无法代表目标群体。

如果用于提取数据的样本与总体存在系统性差异，偏差就会出现。尽管抽取的样本的偏差难以察觉，但如果只根据访问数据的方便程度或熟悉程度去抽样，那最终抽取的样本就会带有强烈的个人色彩，如图 5-5 所示。

下面是两种常见的抽样偏差，抽样时要注意并要设法避免：

（1）覆盖不全偏差：抽样时，若总体中某一部分被抽到的可能性比其他部分低，抽样就会发生覆盖不全偏差。如果你打算就开会时间向小组成员征求意见，那你就不应该只在某次

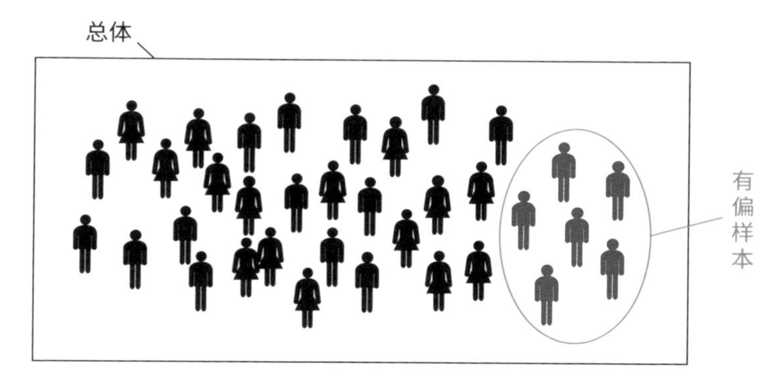

图 5-5　一个有偏样本的例子，被选中的人看起来非常相似

会议开始前做调查，否则你调查到的只是那些早到的人。这样做，你可能会漏掉那些准时到会或晚到会的成员，而他们对以后的开会时间可能会有不同的看法。

历史上有一个著名的覆盖不全偏差的例子：1948 年，民主党候选人哈里 · 杜鲁门（Harry Truman，时任总统）与共和党候选人托马斯 · 杜威（Thomas Dewey）竞选美国总统。三大民意调查显示，杜威会以相当大的优势获胜，为此,《芝加哥论坛报》甚至在选举当晚专门发了一个头条，并配以“杜威击败了杜鲁门”的标题。最终的选举结果恰恰相反，因此，杜鲁门兴高采烈地举着印好的报纸，说:“是吗？怎么跟报纸上说的不一样啊！”

在重新审视民意调查结果时，人们发现这项民调是通过电话进行的，这导致调查到的民主党选民代表过少——在那个时候，并不是美国每个家庭都有电话，一般贫困家庭安装不起，只有富裕家庭才会有电话。而绝大多数民主党选民并不富裕，家里也没安装电话，因此大都没有被纳入民意调查中。

（2）自选择偏差：如果一个群体的成员（通常是人类）能够决定是否参与投票、调查或其他数据收集计划时，偏差源头就出现了，并且当参与与否的诱因与被测量的特征密切相关时，偏差可能会非常严重。

例如，我们想了解使用洗手间的人是否觉得洗手间干净，于是在洗手间出口处设置触摸式投票装置（比如投票按钮），那么你将无法得到具有代表性的样本。毕竟，觉得洗手间不干净的人是不太可能去按投票按钮的，这会导致样本统计量（比如，满意度的中位数）比总体的实际结果高。图 5--6 为某机场洗手间出口处的触摸式投票装置。

图 5-6　设置在机场洗手间出口处的触摸式投票装置存在自选择偏差

诊断性分析

借助诊断性数据分析，我们不仅可以了解过去发生了什么（描述性分析），以推导出有关总体的结论（推断性分析），还可以发现隐匿在原始观察结果表面之下的未知或隐藏因素。

在《韦氏词典》中，“诊断”的定义是“调查或分析某个境况、情况或问题的原因或本质”。在数据分析领域，“诊断”指的是透过初步观察，深入分类，寻找异常，或者把已有数据和最初未被纳入的数据做比较。

就像医生检查病人查找疾病成因一样，诊断性数据分析旨在回答如下问题：

表象之下发生了什么？

常有人说诊断性数据分析回答的是“为什么会发生”，但这么说会让我们陷入危险境地，稍后我们再谈这个问题。老练的分析师必须对自己的发现保持怀疑态度，避免匆忙下结论，还盲目地认为自己已经发现了隐匿在现象之下的真正原因。实际上，往往还有一些他们不知道的其他解释或潜在因素。

诊断性数据分析有许多不同方法。经验丰富的分析师应该要知道，每种情况和每种数据集都是不一样的，就像犯罪现场调查员有一套“该做什么”和“不该做什么”的准则一样，分析师也有一些常用的分析技术。

下钻

前一章讲过，我们的数据中常常包含一些类别变量，如性别、肤色、国籍。这些类别有时可以与数据中的其他类别结合起来形成层次结构。

“层次结构”的定义是“由人或物层层叠加组成的任意系统”。下面是一些层次结构的例子：

- 地点可按国家、州、城市和县分组。
- 时间可按年、月、周和日分组。
- 员工可按经营单位、部门和团队分组。
- 产品可按系列、级别、种类和单品分组。
- 运动员可按联盟、联合会、分部和团队分组。

图 5–7 展现了某个经营单位的层次结构，在这个层次结构中，公司员工分属不同团队，不同团队又分属不同部门，各部门之间没有重叠，而这些部门又都属于同一个经营单位。

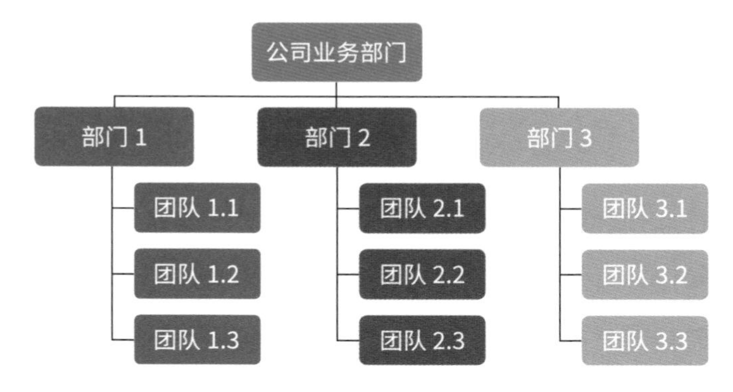

图 5–7　某公司内部的层次结构

“下钻”指沿着层次结构从高层向低层移动，从概括视图或聚合视图转变成更小粒度或更具体的视图。“上钻”（也称上卷）正好相反，它沿着层次机构从低层向高层移动，从具体到一般，在更大粒度上查看数据。

举个简单的例子：世界各地森林滥伐的情况。世界银行提供了按国家和年份划分的森林总面积的数据（平方千米）[1]。借助这些数据，我们可以查明 2015 年到 2016 年间森林面积的变化情况。

不难发现，这一年全世界的森林面积大约减少了 33059 平方千米。这个面积比美国马里兰州的总面积还要大一点。

世界银行提供的数据集中包含每个国家的森林面积，再加上每个国家的地理区域，形成类似图 5-8 中的层次结构：最高层是整个世界，世界分成不同区域（第二层），再分成不同国家（最低层）。每个国家都属于一个且只属于一个地理区域，因此层次结构是完整的。

从最顶层的全球层级“下钻”到下一层级时，我们会发现世界上有一些地区在2015年和2016年间森林面积大幅减少，例如撒哈拉以南非洲（28461 平方千米）、拉丁美洲及加勒比海地区（21764 平方千米）。另外，在这段时间内，世界上也有一些地区的森林面积其实是增加了，例如，欧洲和中亚地区

[1] https://data.worldbank.org/indicator/AG.LND.FRST.K2.

（增加了 4922 平方千米）、东亚及太平洋地区（8462 平方千米），如图 5-8 所示。

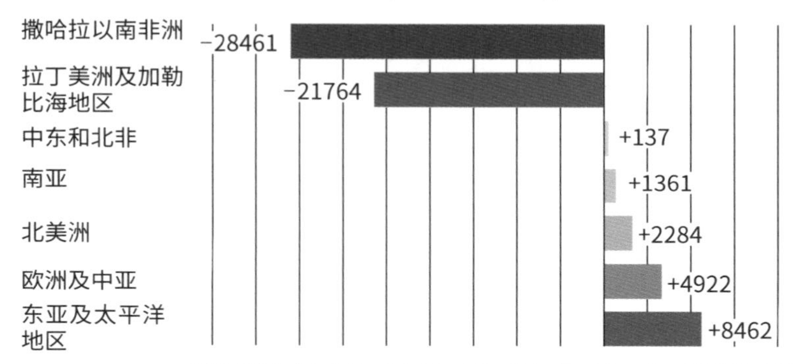

图 5-8　2015—2016 年世界各个地区森林面积的变化情况

接着，我们可以继续下钻，从地区层级下到国家层级，即层次结构的第三层。这有助于我们使用相关数据判断最低层中发生了什么。例如，下到国家层级时，我们会发现在拉丁美洲及加勒比海地区，有些国家的森林面积大量减少了，比如巴西（减少 9840 平方千米）、巴拉圭（减少 3254 平方千米），同时还有些国家的森林面积实际上有所增加，比如智利（增加了 3008 平方千米）、古巴（增加了 536 平方千米）。

如果我们的目标是减少森林滥伐，那么我们肯定会以不同的方式来查看这些国家的数据。因此，“下钻”可以帮助分析师和决策者抽丝剥茧，循序渐进，避免犯过度泛化的错误。与之相对的，“上卷”有助于我们看到整体情况和大局，防止出现只见树木不见森林的错误。

寻找相关性

在诊断性数据分析中，常常需要比较两个不同的定量变量，寻找它们之间是否存在某种关联。上一节讲“下钻”时，我们提到层次结构是由不同分类变量形成的。在这一节中，我们将同时考虑多个不同的定量变量，看看它们之间是否存在某种关联。

下一章我们会详细介绍多种数据可视化的方法，在这里我们只简单提一下笛卡尔坐标系，以便我们更好地理解相关性。图 5-9 是一个笛卡尔坐标系的例子，笛卡尔坐标系定义如下：

> 在笛卡尔坐标系统中，一个点的位置由坐标确定，坐标代表着这个点距离两个坐标轴（垂直相交于原点的两条直线）的垂直距离。平面直角坐标系（笛卡尔坐标系）中只有两根垂直相交的坐标轴——x 轴与 y 轴。

笛卡尔坐标系是以法国数学家和哲学家勒内·笛卡尔（René Descartes）的名字命名的，它由笛卡尔于 1637 年发明。在我们比较数据集中两个定量变量时，笛卡尔坐标系很有用，因为它允许我们用肉眼观察两个变量之间是否存在关联，以及关联的强弱。

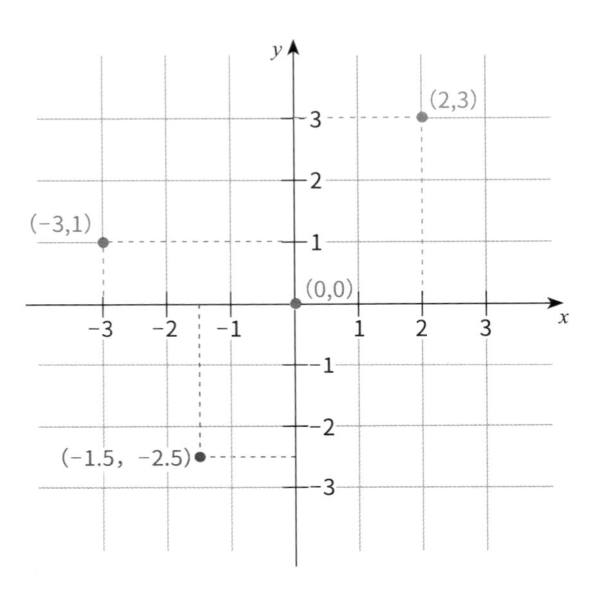

图 5-9　一个笛卡尔坐标系的例子

如图 5-10 和 5-11 所示，两个定量变量有可能以不同的方式关联在一起。在笛卡尔坐标系中，我们把一个变量绘制在一条水平轴（*x* 轴）上，把另外一个变量绘制在垂直轴（*y* 轴）上。然后，在每个图中绘制一条最佳拟合线，使得所有数据点到这条线的距离最短。

从图 5-10 中，我们可以看到变量之间存在着不同的关联关系，如下：

- 正相关（最佳拟合线的斜率是正值，从左到右上升）
- 负相关（最佳拟合线的斜率是负值，从左到右下降）
- 不相关（最佳拟合线接近于水平线，斜率接近于 0）

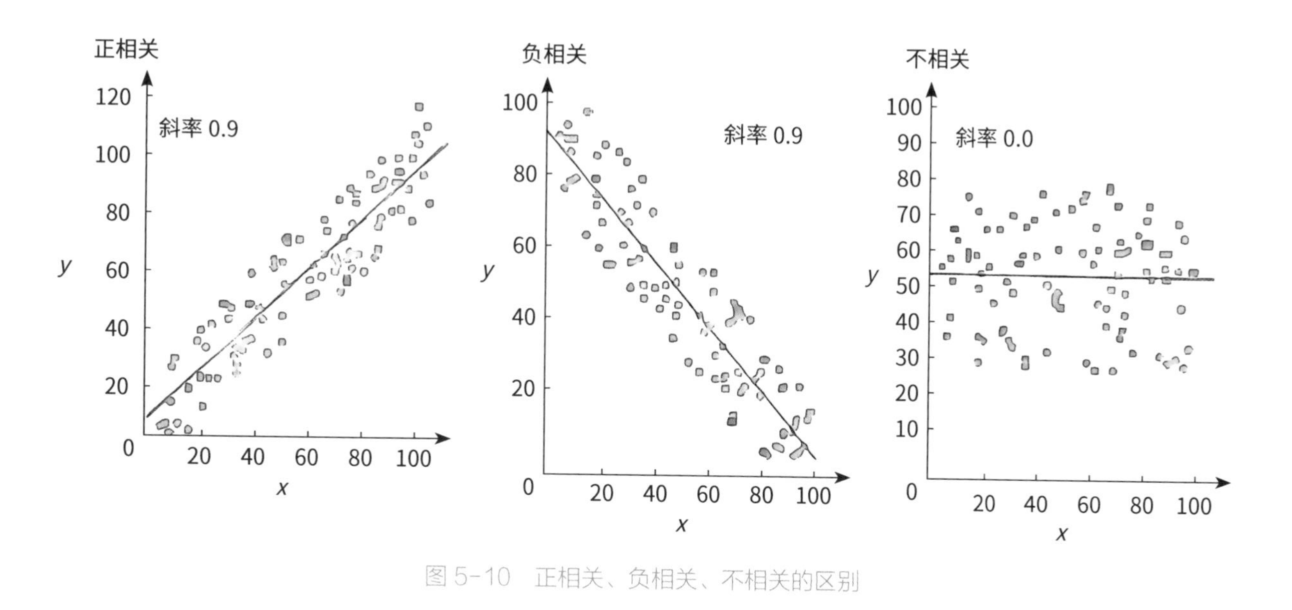

图 5-10 正相关、负相关、不相关的区别

此外，两个变量之间相关性的强弱可能不一样。我们使用术语 R^2（R 的平方）来判断两个定量变量相关性的强弱。R^2 叫"决定系数"，其取值范围在 0 到 1.0 之间，也可以被表示为 0% 到 100% 之间，如图 5-11 所示。

· 弱相关（可以是正相关或负相关）是指数据点离最佳拟合线相对较远，此时，R^2 数值较小，接近于 0。

· 强相关是指数据点离最佳拟合线非常近，此时，R^2 数值接近于 1.0。

· 完全相关是指各个数据点恰好位于最佳拟合线上，此时 R^2 为 1.0。

上面的例子中，我们用的都是随机数据，接下来我们再用真实的数据举个例子，进一步阐释相关概念。

假设我们要了解生活在城市环境中的人口百分比与出生在世界各地的人口预期寿命之间是否存在关系，那么我们可以在平面直角坐标系中绘制出这两个变量，如图 5-12 所示。

趋势线表明两个变量之间存在显著的统计学关系较弱——最佳拟合回归线的 R^2 为 0.348。一般来说，在社会科学中，R^2 介于 0.25 和 0.64 之间被认为是中度相关[1]。

---

[1] http://psychology.okstate.edu/faculty/jgrice/psyc3214/Ferguson_EffectSizes_2009.pdf.

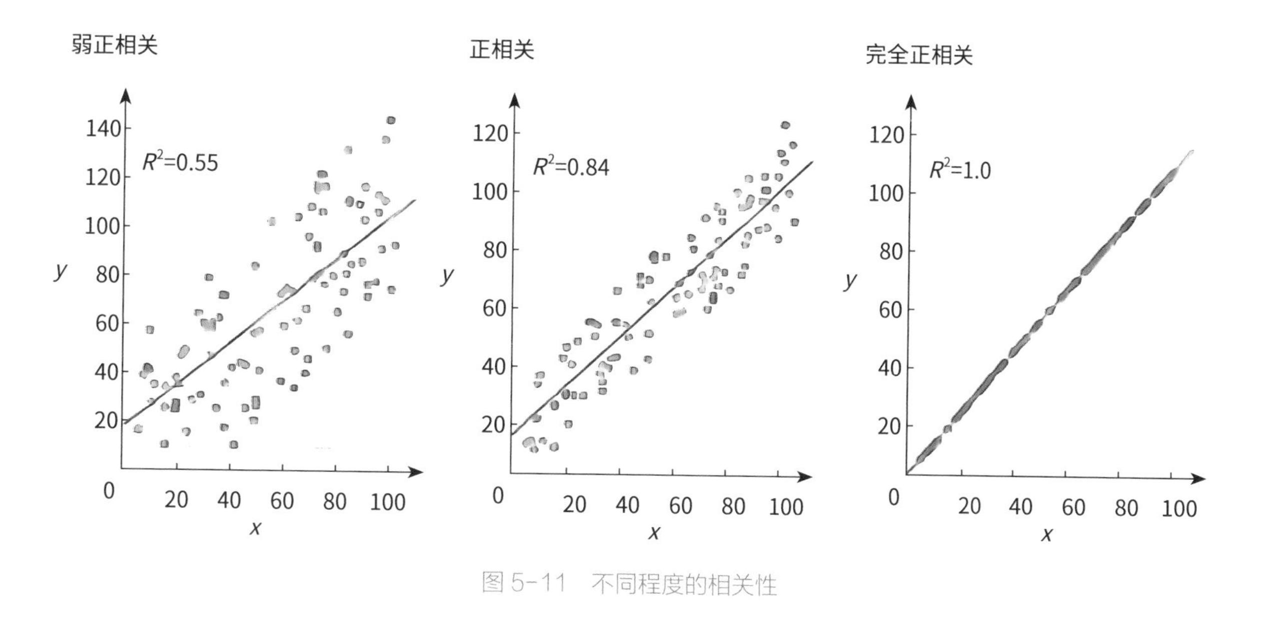

图 5-11　不同程度的相关性

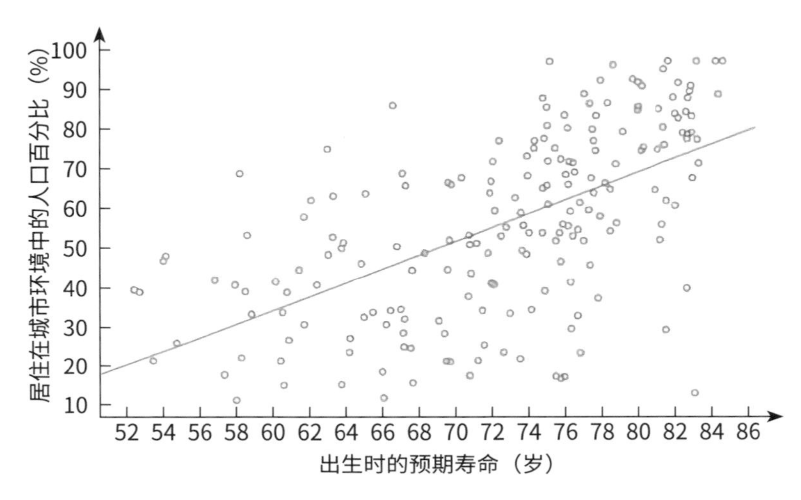

图 5-12　世界各地预期寿命与城市化的散点图（2016 年）

先根据国家人口确定圆圈大小，再根据圆圈所属地区给圆圈涂上不同颜色，我们就得到了图 5-13 所示的气泡图。

气泡图会引起我们的思考：一个变量的变化是否在某种程度上引起了另外一个变量的变化？如果是，是哪一个引起了哪一个的变化？是寿命长促使人们搬进城市，还是居住在城市会让人们活得更长？

仅凭数据，我们无法判断哪一种说法是正确的。有可能是其中一个变量引起了另一个的变化（或者反过来），或者完全是由其他什么原因导致了两者的变化。因此，那种认为诊断性数据分析是在回答“为什么会发生”这个问题的想法是非常危险的。毕竟在大多数时候，诊断性数据分析都不是在回答这个问题，而是在

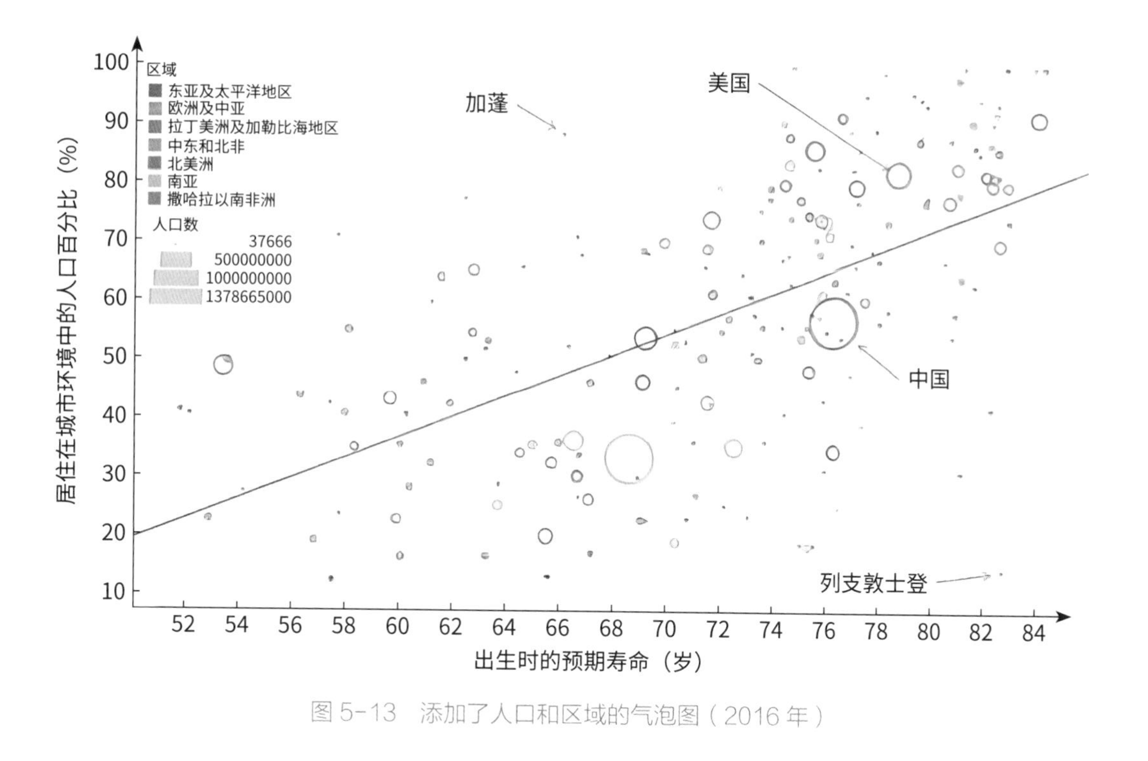

图 5-13　添加了人口和区域的气泡图（2016 年）

揭示数据中需要多加留意的关系，进而揭示新的、更重要的问题。

有句话你可能听说过："相关关系不等于因果关系。"这句话用在这里再恰当不过了。这句话的真正含义是什么呢？它真正想表达的是，即使两个变量相关，也不一定代表一个变量引起了另一个变量的变化。在关系背后，可能还存在着一个或多个其他变量（混杂变量或潜在变量）。

你相信纽约市每月的老鼠目击事件与西雅图市建筑许可申请之间存在着一定关联吗？数据显示两者之间存在着很大的相关性（R^2=0.48），如图 5-14 所示。

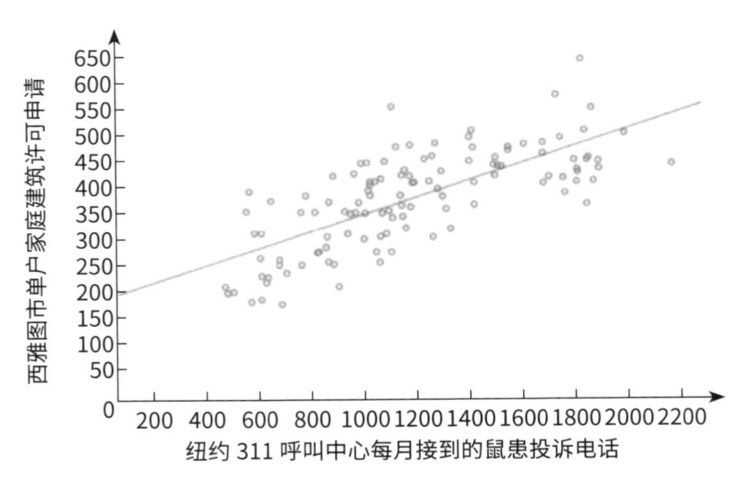

图 5-14 纽约市鼠患投诉事件与西雅图建筑许可申请之间的相关性

纽约市的鼠患以某种方式促使人们申请西雅图市的建筑许可？还是，西雅图市的建筑许可申请导致了纽约市民频繁地拨打电话抱怨老鼠泛滥？事实上，两者之间并无直接的因果关系。那么，究竟是什么原因导致了它们的相关性？

在回答这个问题之前，让我们先来看看学习预测性分析能不能发现回答这个问题的相关线索。

找出异常值

诊断性数据分析的一个关键步骤是发现数据集中的异常数据，即找出那些与其他数据有着明显不同的数据。这些数据通常被称为“异常值”。

例如，根据纽约市民每天拨打 311 呼叫中心投诉鼠患的历史数据，我们可以绘制出如图 5-15 中纽约每日鼠患投诉情况随时间变化的散点图。

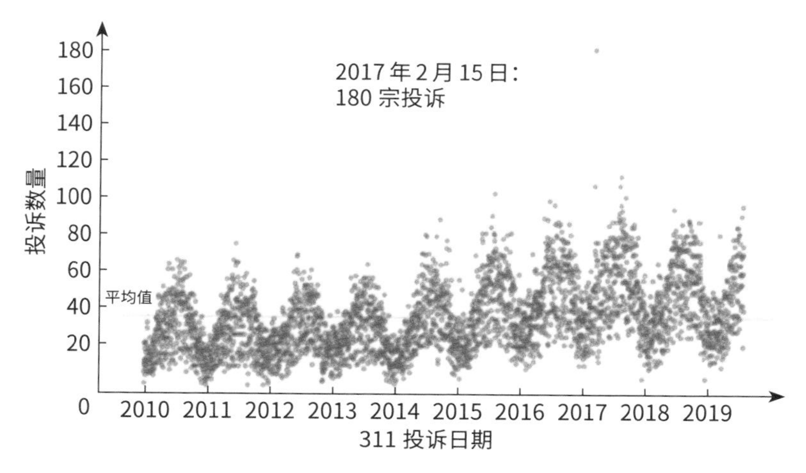

图 5-15　描述纽约市每日鼠患投诉数量的散点图

从散点图中可以注意到，2017 年 2 月 15 日这一天鼠患投诉数量多得离谱，高达 180 宗。就这一点来说，2017 年 2 月 15 日这一天在历史上绝对算异常值。同时期，平均每天的鼠患投诉电话只有 38 个，而 2017 年 2 月 15 日这天的投诉电话数量几乎是平时的 5 倍。为什么会出现这种情况？

虽然数据和散点图都显示出了异常值，但是它们无法解释异常值出现的原因。但在互联网上简单搜索一下“2017 年 2 月 15 日纽约鼠患”，我们就会发现一个有趣的线索。

就在 2017 年 2 月 15 日这一天，包括《纽约时报》在内的一些新闻机构发表了一篇标题为《罕见疾病惊现布朗克斯鼠患重灾区》的文章，内容是关于一种叫“钩端螺旋体病”的罕见细菌感染，这种疾病能够通过老鼠传染给人类。

这些文章和投诉电话激增有联系吗？关于这一点，我们需要和电话接线员谈一谈才能确定，但这似乎是一个合理的解释。在调查的过程中，如果没有数据，我们就不会发现异常值，也不会知道去问 2017 年 2 月 15 日发生了什么。因此，数据集是调查的关键部分，但是数据本身并不能带我们一路找到罪魁祸首。

预测性分析

预测性数据分析指的是使用历史数据预测未来会出现什

么结果。这项技术十分强大，但不可否认的是，真正做起来并不容易。所有预测都需要加上醒目的星号或警告说明，本节也会如此。

预测性数据分析旨在回答如下问题：

接下来可能会发生什么？

过去收集的数据是如何帮助我们预测未来会发生什么的呢？答案是，从数据中我们可以观察到有趣的趋势和模式，我们可以使用这些趋势和模式创建预测未来的模型。

发现趋势

如果把相关性研究中得到的线性回归模型应用到时间序列数据，我们就能从中发现某些趋势，并以此预测未来。

现在我们来虚构一个场景，假设你是公司的活动组织者，你们公司每月都会举办一次网络研讨会。你记录了每次研讨会的参加人数，并希望借此了解自己为宣传活动所做的各种努力是否有成效。

你首先在 x 轴上，绘制活动场次，它代表着时间，因为两次研讨会之间相隔一个月。然后，你在 y 轴上，绘制每次参加研讨会的人数。最后，你使用线性回归方法研究你收集的数据，发现它们最接近于一条直线（$y=16x+324$），每次活动参加人数大约增加 16 人，如图 5-16 所示。

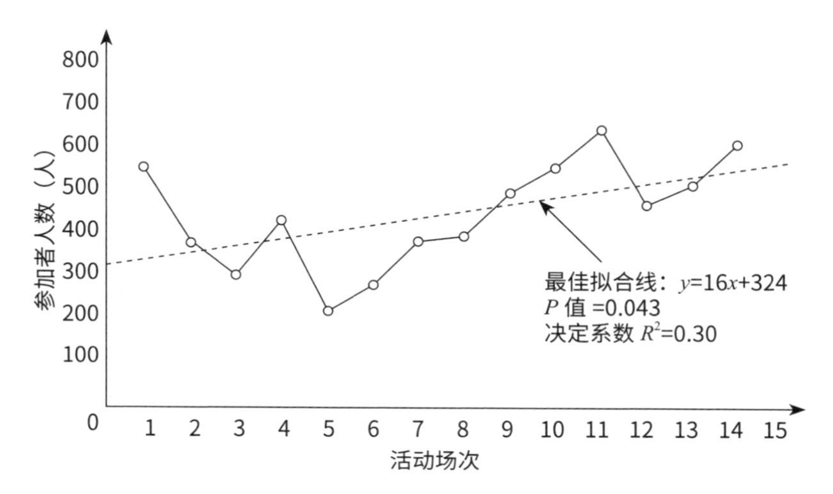

图 5-16 符合最佳拟合线性回归趋势线的时间序列数据

请注意，在用可视化方式表现某种随时间变化的量时，最常见的做法是把时间从左到右标注在水平的 x 轴上。

如图所示，决定系数 R^2 很小（0.30），这表明在观察到的出席人数的变化趋势中，活动数量的相关程度大约是 30%。基于本章前一节的内容，我们知道，如果活动场次越大，出席人数越多，那么 R^2 将更接近 1，数据点也会更接近最佳拟合线。

在最佳拟合线的注释内容中，还有一个统计量：P 值。P 值有什么含义？我们如何使用它呢？P 值常令人感到困惑，有很多文章介绍过它。这个统计量不太容易理解，甚至连专家都很难讲清楚[1]。

讲 P 值之前，我们先提两个概念：零假设和备择假设。在零假设中，两个变量之间没有关系，即在线性回归中，如果零假设成立（真），那么我们会看到一条近乎水平（斜率为 0）的最佳拟合线。在备择假设中，两个变量之间存在某种关系，最佳拟合线不是水平的，会有一定的斜度。在数据分析中，我们应使用收集到的数据做假设检验，以判断是否可以拒绝零假设。

简单来说，使用 P 值可以判断当零假设成立时，有多大概率得到比样本观察结果更极端的结果。就上面例子来说，如果活动场次和出席人数毫无关联，那么最佳拟合线的斜率与实际得到的斜率一样大的可能性有多大？

如果 P 值较低（0.043），则我们得到如图中所示同样陡峭的斜率的概率很低。大多数统计学家会使用类似的结果来拒绝零假设，继而假设两个变量之间存在显著的统计学关系。

很多时候，P 值 0.05 是判断存在统计显著性的分界点。这个分界点称为临界值或 α 水平。P 值低于 0.05 时，拒绝零假设；P 值高于 0.05 时，表示检验不支持拒绝零假设。需要注意的是，因为临界值 0.05 是假定的，所以盲目地将其作为统计显著性的“试金石”不可取，而且是危险的。

[1] https://fivethirtyeight.com/features/not-even-scientists-can-easily-explain-p-values/.

分析师判断数据在统计学上是否有显著趋势（增加或减少）的另外一种方法是使用统计过程控制。借助这个方法，我们可以把收集到的数据绘制在单值图上，并应用统计规则判断观察到的变化是信号还是噪声。寻找显著趋势的一个方法是，找到 6 个连续上升（增加）或下降（减少）的点，如图 5–17 所示。

从图 5–17 中，我们可以看到，在第 5 场活动过后，连续 6 场活动的参加人数都在上升。这被视作数据中的一个信号，表示我们观察到的趋势很有可能不是一个偶然。

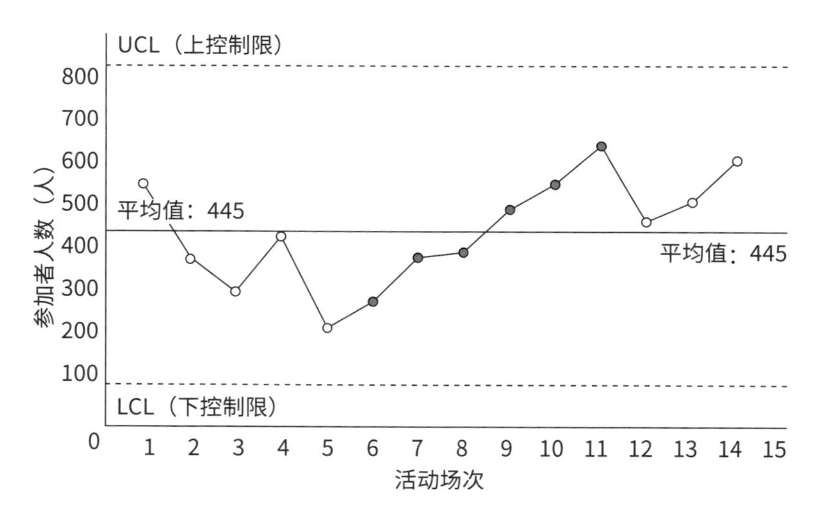

图 5–17　显示显著上升趋势的单值图

识别模式

有时，同一个数据集中包含着多种模式。所谓“数据模式”就是数据世界中的某种规则，它允许我们创建一个模型，用来对所观察到的行为做近似估算。有一种非常常见的模式，那就是季节性。

只要数据集的模式与日历年相关，并且在一年内重复出现，我们就可以说这些数据存在季节性。在纽约市鼠患投诉电话的例子中，随时间变化的投诉电话数量显示为一条呈波浪起伏的曲线，纽约每日鼠患投诉数量折线图如图 5–18 所示。

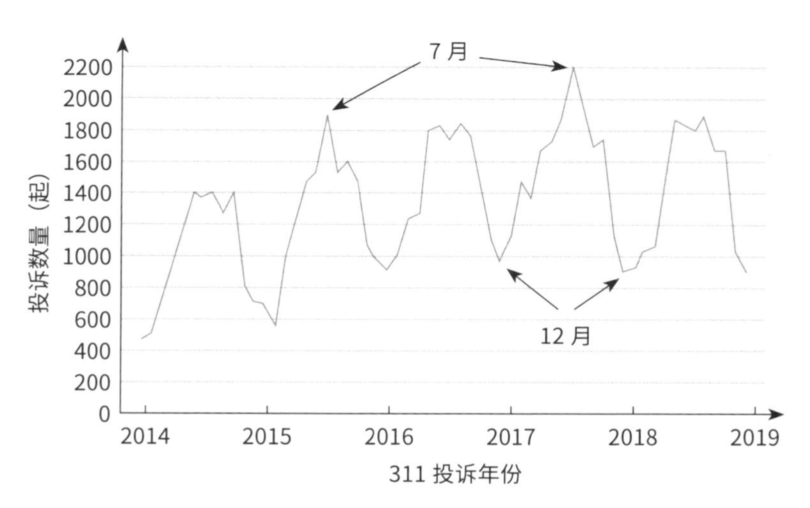

图 5–18　随着时间推移，纽约市鼠患投诉电话数量的变化趋势

从图 5–18 中可以看到，夏季鼠患投诉电话数量上升，冬季下降。如果我们假定某个月的投诉数量与上个月大致相同，那么我们会低估大约半年的数量，同时高估另外半年的数量。图中投诉电话的数量呈现出一种上升和下降的模式，借助这种

模式，我们可以对未来投诉电话的数量做出更靠谱的猜测。

为什么夏天投诉鼠患的电话会比冬天多？对于纽约市的鼠患情况，以及老鼠过冬的习性，我们可以做一些猜测，但都只是猜测而已。

回到纽约鼠患和西雅图市建筑许可申请关系的例子中，季节性可能是引起两者变化的共同因素。虽然纽约鼠患和西雅图市建筑许可申请之间不存在直接的因果关系，但两者都会随着气温的变化表现出上升和下降的趋势，其双轴折线图如图5-19所示。

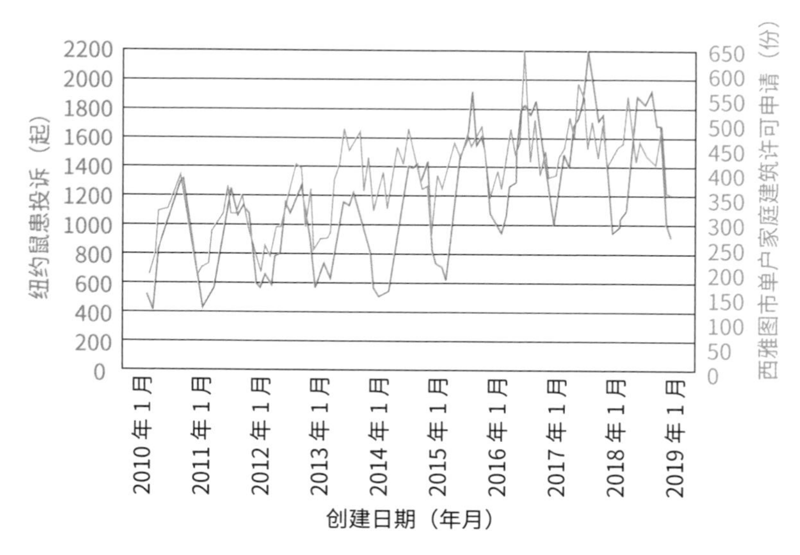

图5-19　鼠患与建筑许可申请之间存在的隐性关联

预测未来

在从数据中识别出模式，并为模式找到合适的模型之后，我们要做的就是把模式投射到未来，这就是所谓的“预测未来”。如果我们运营着受理投诉的呼叫中心，或者我们是动物控制服务的规划者，我们就可以使用以往的鼠患投诉数据来预测未来几个月鼠患投诉电话的数量，纽约鼠患投诉数量预测（按月份）如图 5-20 所示。

从图 5-20 中可以看到，预测模型把从历史数据中观察到的季节性模式很好地体现了出来。此外，我们从图中还可以看到，在把观察到的模式投射到未来时，我们投射得越远，模型

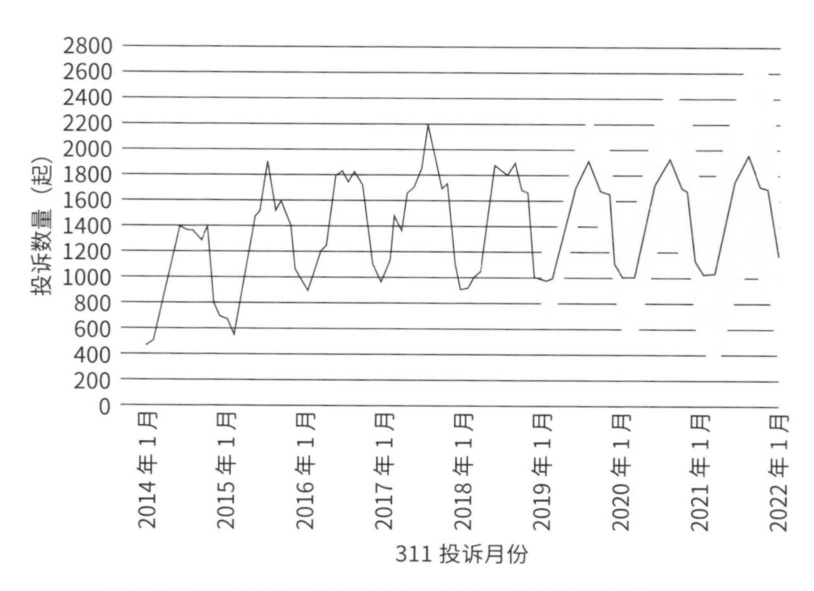

图 5-20　关于纽约市鼠患投诉电话数量未来几年的预测

的不确定性就越大，这种不确定性通过预测线周围阴影区域的大小可以体现出来。

本节的目标不是教大家学习如何创建模型，也不是详细讲解算法，而是帮助大家理解预测的概念及其使用方法。

关于预测分析，有一个非常重要的点，那就是，简单的预测会假定历史模式会一直持续到未来。但是我们都知道，事情有可能会发生变化，未来不会一直遵守我们使用历史数据创建的模型。

比如，我们看一下美国申请失业救济的人数。2020 年 3 月中旬，为应对新冠疫情，美国各州发布了“居家令”，各个行业从业人员的生活无以为继。这个情况史无前例，我们可以断定的是，当前失业救济申领人数与历史失业救济申领人数的差异会很大，美国每周初申请失业金人数（季度性调整）如图 5–21 所示。

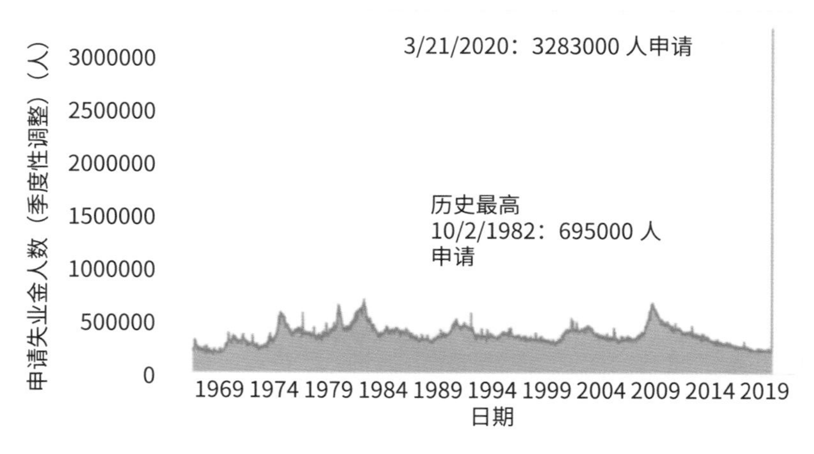

图 5–21　描绘美国每周初请失业金人数的面积图

（制作人：本·琼斯，2020 年 3 月 26 日，星期四）

因此，我们做预测时一定要在预测结论上加上醒目的星号或警告说明，毕竟预测可能比较准，也可能错得很离谱。

指导性分析

接下来，我们讲本章最后一种数据分析方法——指导性数据分析。指导性数据分析建立在前面四种分析方法基础之上，它关注的是我们可以采取哪些行动方案，以及这些方案会带来什么结果。

借助这种方法，我们可以做出明智的判断，找出我们认为的最好选择，从而把传统决策变成以数据为引导的决策。

指导性数据分析旨在回答如下问题：

我们应该做什么？

为了回答这个重要的问题，我们必须明白，指导性分析中的模型是根据已知参数的假设建立的。这些参数中包含了不确定因素，还会有一些未知参数。因此，模型的预测结果中总是带有不确定性。

我们可以用这种方法来获利，也可以用它来降低风险。有一个常见的例子是，根据其他客户以往的购物或评价，判断向正在排队结账（线上或线下）的顾客推售（交叉销售或追加销售）什么商品。这就是所谓的“亲和性分析”（Affinity Analysis）或“购物篮分析”（Market Basket Analysis）。在线零售商通常会应用这项技术开发推荐引擎，并把这个过程自动化。

不过，指导性分析不一定要自动化。决策过程可能还需要人机回路（human-in-the-loop），即所采用的模型需要与人进行互动协作，才能做出更好的决策。想想你在网上下象棋的时候，辅助软件会提示你下一步该怎么走，以及每一步对最终获胜的影响——即使有软件提示，最终怎么走还是得你自己定。

小结

我们以医生给患者看病的过程作类比，帮助大家把前面介绍的五种数据分析方法串联一下。给患者看病时，医生首先会观察患者的症状，并测量相关指标，这就像是描述性分析。接着，医生可能会根据其他病例或相关研究做出一些推断，这类似于推理性分析。他们可能还会做进一步探究，试图找出真正的病因，这就是诊断性分析。然后，他们会对疾病在无人为干预情况下的发展趋势做一些预测，这就像是预测性分析。最后，他们给患者开药或动手术，以此提高患者的康复机会，这就像指导性分析。

这个过程不会只做一次，通常都会反复进行，每次我们都会学到新的东西，每次我们都会比上一次更聪明一些。通常，我们分析得到的结果不是问题的答案，而是一个新的问题，是一个我们一开始并没有预料到的问题，而我们需要收集新的数据或信息才能回答它。这也很正常，因为我们并非总能搞清楚表象之下究竟发生了什么，一旦我们开始以数据为引导做决策，就会出现一系列全新的情况，等着我们去分析。

第6章

六种数据展现方式

> 盯着图表看，跟看进去完全是两码事。
>
> ——玛丽·埃莉诺·斯皮尔（Mary Eleanor Spear）[1]

人类使用五种感觉——视觉、嗅觉、听觉、味觉、触觉，从周围环境中获取信息。在与数字形式的数据交互时，我们也有可能使用这些感觉。只要把数据转换成合适的形式，我们就能看到、听到、感受到数据，甚至还可以尝到、闻到它们。

数据实体化是指把数据转换成物理对象，以便用户摸到、闻到，甚至尝到它们。近几十年来，数据可听化（使用非人声音频来传递信息）研究一直在发展，人们可以使用 Two Tone 之类的工具使用数据创建声音甚至音乐。

我们主要使用视觉、听觉与电子表格、数据库中的数据进行交互，它们在我们的世界中无处不在。本章主要讲解人类如何从视觉、听觉两方面接收和处理数据。其中所涉的六种数据展现方式都有其特定用途，没有好坏之分。不同的数据展现方式有不同的应用场景，适用于不同的认知任务。

视觉系统是中枢神经系统的重要组成部分。光线从我们

---

[1] 美国数据可视化专家、图形分析师和作家，开发了条形图和箱形图。——编者注

周围的物体反射回来，通过角膜和晶状体进入我们的眼睛，角膜和晶状体折射光线，把光线投射到视网膜的背面。视网膜的视杆细胞和视锥细胞把图像转化为电脉冲，由视神经经过丘脑中的外侧膝状体核传递到大脑的视觉皮层（视觉皮层位于头骨后部的枕叶中）。图 6-1 展示了人类的视觉通路。

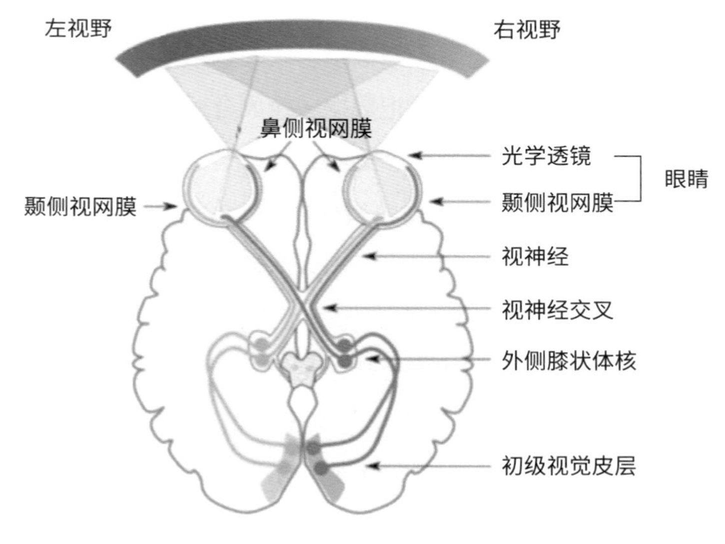

图 6-1　人类视觉通路

在人脑这个相对较新的进化区域中，我们使用视觉信号来识别模式，处理有关运动对象和静止对象的信息。这包括了我们要在本章中讲解的对象。

我们从最简单的展现形式开始讲起——以数字形式显示的单个数据点。

数字

数据素养的一个重要方面是计算能力，即理解和处理数字的能力。这种能力的一个最基本的要求是理解数字本身的含义，即能够正确地解释日常生活中见到的数字。

很多时候，我们碰到的或寻找的是一个单独的数据点，即一个孤零零的数字，没有上下文，也没有历史背景。针对这类数据使用完整的电子表格或精美的展现形式会显得有些大材小用，更好的做法是，在复杂的展现方式下，找一些显眼的地方把最重要的指标展现出来。

假设你在一家三明治店工作，你负责为顾客下的订单制作三明治。任何时候，你都需要知道，你得做几个三明治才能完成当前的订单。毕竟当你询问负责接单的同事需要为街那头的商务会议做几个蔬菜三明治时，如果他们把已完成的历史订单连同对未来趋势的预测分析一股脑地丢给你，你肯定会觉得很可笑吧？

不管是在具体的业务场景下（现在我需要制作几个三明治），还是单纯出于好奇（2017 年瑞典有多少居民），你渴望得到的往往只是一个数字。

有多种数字系统可以帮助我们记录和表示数量，其中最简单的计数形式就是计数符号，即一进制计数法。在这个系统中，如果你想表示一个特定的数字，只需要把某个符号重复多次就好。计数符号可以是任意符号，但是我们最熟悉的应该是竖线，一、二、三、四分别用相应数量的竖线表示，五是在四条竖线的基础上多加了一条斜线，如图 6–2 所示。

图 6-2 常见的计数符号

这种展现数量信息的系统非常古老。1937 年，一位考古学家在捷克斯洛伐克的摩拉维亚发现了一根有刻痕的狼骨（可追溯到 3 万年前），骨头上共有 57 道刻痕，似乎是远古人类故意刻下的；古罗马作家老普林尼（公元 23—79 年）曾在书中提过最适合用来计数的木材；从牧场数羊到计算入狱天数，几千年来，人类一直使用这样简单的计数符号来记录数量。

如果把计数符号从 1 个增加到 2 个，那么我们的计数系统就由一进制计数系统变成了二进制计数系统（以 2 为基数的数字系统）。通常我们人类在识读数据或者与人沟通时不会使用二进制数字系统，但它却是现代所有计算机所采用的基本数字系统，在计算机中使用晶体管等逻辑门（类似于开关，可通过布尔运算在“开”与“关”两个状态间切换）可以轻松实现二进制数字系统。

图 6–3 中显示出了 8 个二进制数，分别对应于十进制数的

0 ~ 7，还给出了二进制数转换成十进制数的过程。三位二进制数中，从右往左数，第一位代表 2^0 或 1，第二位代表 2^1 或 2，第三位代表 2^2 或 4。如果有第四位，它代表的就是 2^3 或 8，以此类推。

二进制数			→		十进制数
0	0	0	=	$0+0+0$	=0
0	0	1	=	$0+0+2^0$	=1
0	1	0	=	$0+2^1+0$	=2
0	1	1	=	$0+2^1+2^0$	=3
1	0	0	=	2^2+0+0	=4
1	0	1	=	2^2+0+2^0	=5
1	1	0	=	2^2+2^1+0	=6
1	1	1	=	$2^2+2^1+2^0$	=7

图 6-3　二进制数转换成十进制数

在识读和沟通数量的过程中，我们人类最常用的是十进制数字系统（decimal numeral system）。Decimal 一词来源于拉丁语 decima，含义是“第十”，或者缴纳某物的十分之一。从这个词的词源，我们可以看到它与数字 10 有联系。

十进制数字系统无处不在，最初由印度数学家在公元 1 世纪到 4 世纪之间发明，并在公元 9 世纪被阿尔·肯迪（Al-Kindi）等阿拉伯数学家采用。因此，十进制数字系统又叫“印阿数字系统”（Hindu-Arabic numeral system）。中世纪中期，十进制数字系统传到欧洲，经过不断发展，成为目前西方使用的主要数字系统。

在这个流行的数字系统中，用来记录数量的符号从二进制系统中的 2 个增加到 10 个。这十个符号就是十个数字，分别是 0、1、2、3、4、5、6、7、8、9，在今天可谓无人不知。

在十进制数字系统中，数字有多种类型。整数是不含分数或小数的数。比如 2017 年瑞典人口数为 10057698，这个数字包含 8 位数。从右往左数，第一个数字 8 在个位（$10^0=1$）上，代表 8 个人。第二个数字 9 位于十位（$10^1=10$）上，代表有 9 组人，每组 10 人。第三个数字 6 在百位（$10^2=100$）上，代表有 6 组人，每组 100 人，以此类推。

表格

展现数据时，有时只用一个数字是不够的。比如，我们需要看到按类别划分的数字，或者需要把一些数字与另一些数字并排放在一起，方便比较。类似情况下，我们可以使用表格，它是一种很有用的展现数据的方式。

在数字表格中，数据通常是以行与列的形式有条理地排列的，方便我们引用参考。几个世纪以来，人类一直在使用这种数字表格。普林顿 322 号泥板上刻的就是一个古老的表格，它是一个乘法表，其制作时间可追溯到大约公元前 1800 年，即古巴比伦时期。这块泥板目前保存在哥伦比亚大学，上面刻有 4 列 15 行数字，其上给出了“勾股弦”三个数中的两个数，它们满足 $a^2+b^2=c^2$ 的关系，图 6–4 展示了刻着普林斯顿 322 号泥板的照片。

图 6-4 普林顿 322，一块包含一系列勾股数的泥板

几千年后，美国出土了另外一个表格。如图 6-5 所示，它是一个按县和人口统计变量划分的 1800 年美国人口普查表格。列标题是“白人男性自由民”和“奴隶”，这些标题明确告诉我们当初人们制作的这份表格及后续的同类表格中的信息是什么。

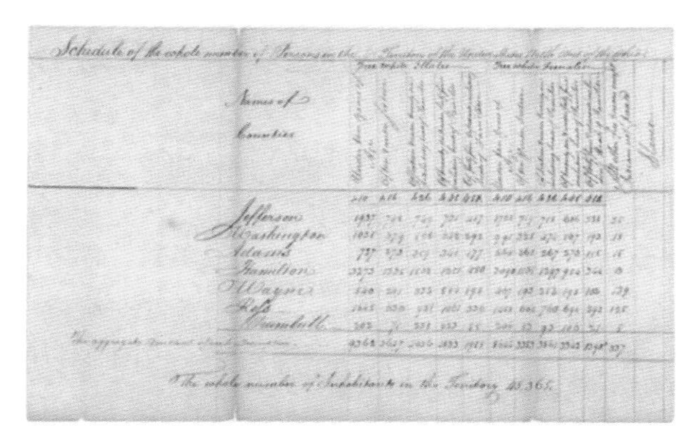

Names of Counties

Jefferson
Washington
Adams
Hamilton
Wayne
Ross
Trumbull

The whole number of Inhabitants in the Territory 45,365.

图 6-5 1800 年美国人口普查中的人口数量表格

表格与计算机走到一起似乎是自然而然的事。1963 年（第三次工业革命早期），两者的联合随 BCL（Business Computer Language，商业计算机语言）一起发生。BCL 使用 Fortran 编程语言编写，在 IBM 1130（这是一种使用穿孔卡的计算机）上实现。

1979 年，一个名叫 VisiCalc 的电子表格软件开始与苹果电脑公司销售的第一台电脑 Apple II 捆绑销售，如图 6–6 所示。人们开始认识到电子表格是一个强大的生产力工具，电子表格软件随之迅速流行起来。到了 1981 年，这款软件推出 IBM PC 版。有了这款软件，个人计算机不再是一个只供业余爱好者把玩的玩具，而是变成一个严肃的商业工具，可用于财务会计与其他必要的功能。

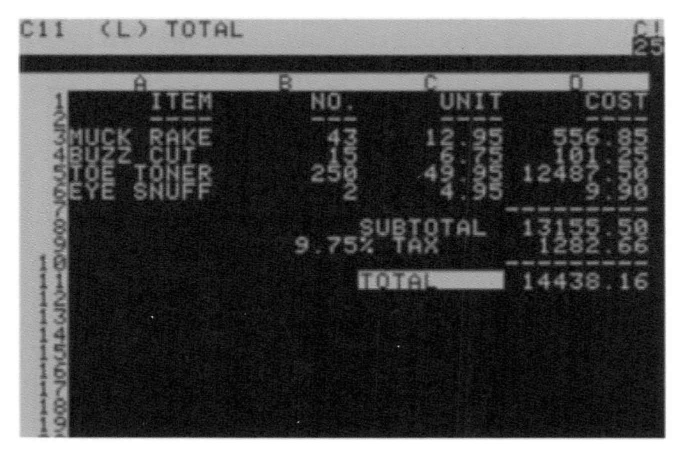

图 6–6 VisiCalc——为个人计算机打造的第一个电子表格软件

现在市面上有各种各样的电子表格软件，比如微软的 Excel、苹果的 Numbers，还有一些云端的电子表格软件，如 Google Sheets、Zoho Sheet 等。这些应用程序允许用户往单元格中输入或上传数据，而单元格的行和列的排列方式与古巴比伦时代所采用的方式一样。在电子表格软件中，用户可以输入公式轻松地对单元格中的数据做各种运算，这使其成为当今职业环境下一个常用的数据处理工具。

另一个广泛使用表格的计算机应用程序是数据库。就在电子表格首次在个人计算机上亮相的同时，关系型数据库正逐渐变成收集、存储、访问数据的主要工具。它拥有存储海量数据的能力，将这些数据存放在各种表格中，并将不同表格通过公共字段关联在一起。

在数据库中，每一行数据叫一个元组（有时又叫“记录”）。每一列数据是一个属性（又叫“字段”），如图 6–7 所示。

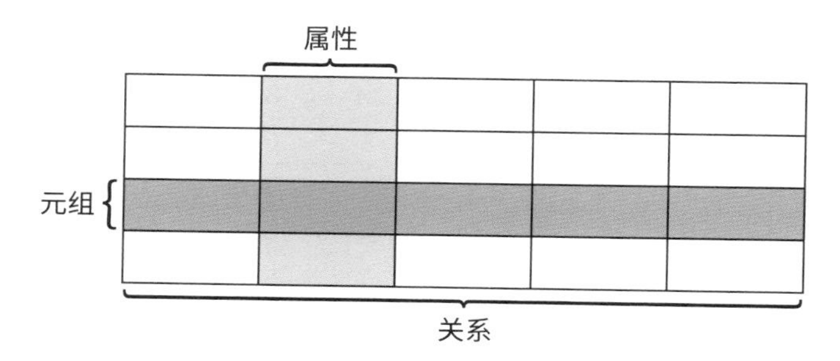

图 6–7　关系型数据库有关术语

数据工程师先创建关系型数据库和其他更现代的非结构化数据库。然后，数据分析师使用结构化查询语言（SQL）从这些数据库中查询到所需要的记录。下一章我们将详细介绍与此相关的内容。

那么，表格到底有什么用呢？借助表格，我们可以采集测量值和记录并把它们存储到表格中，将来某个时候我们可以再次访问这些测量值与记录以便对它们进行分析。

为了说明表格、统计量和数据可视化的价值，我们来看看四组不同的数字对（安斯科姆四重奏）。耶鲁大学统计系创始主席弗朗西斯·安斯科姆（Francis Anscombe）在 1973 年创建出了这个有趣的四重奏数据，如图 6-8 所示。

I		II		III		IV	
x	*y*	*x*	*y*	*x*	*y*	*x*	*y*
10	8.04	10	9.14	10	7.46	8	6.58
8	6.95	8	8.14	8	6.77	8	5.76
13	7.58	13	8.74	13	12.74	8	7.71
9	8.81	9	8.77	9	7.11	8	8.84
11	8.33	11	9.26	11	7.81	8	8.47
14	9.96	14	8.1	14	8.84	8	7.04
6	7.24	6	6.13	6	6.08	8	5.25
4	4.26	4	3.1	4	5.39	19	12.5
12	10.84	12	9.13	12	8.15	8	5.56
7	4.82	7	7.26	7	6.42	8	7.91
5	5.68	5	4.74	5	5.73	8	6.89

图 6-8　安斯科姆四重奏

看一看这八列数据，你会发现这些数据分成四组，分别用罗马数字（Ⅰ、Ⅱ、Ⅲ、Ⅳ）标注，每一组又包含两列，分别用 x 与 y 标注。每个 x 列与 y 列包含 11 行数据。仅凭肉眼观察，很难发现这些数据有什么规律。

接下来，我们看一下概括统计量能不能提供一些有用的信息，以帮助我们理解这些数字有什么含义。

概括统计量

在描述性数据分析一节中，我们提到了一些概括统计量，比如集中趋势度量（平均数、中位数、众数）和离散度度量（极差、标准差）。这些内容都是描述统计学的基本知识，这里不再赘述。

前面讲过，在把一大组数字浓缩成少量代表性数字时，使用概括性统计量有助于我们了解典型值的样子，以及各个数据值与特定中心点的差距有多大。

安斯科姆四重奏数据有趣的一点在于这四组数据的概括统计量惊人地相似——四组数据的平均数与方差完全相同或几乎相同，x 与 y 之间的相关性一样，最佳拟合线方程也一样，如图 6-9 所示。

	I		II		III		IV	
	x	*y*	*x*	*y*	*x*	*y*	*x*	*y*
	10	8.04	10	9.14	10	7.46	8	6.58
	8	6.95	8	8.14	8	6.77	8	5.76
	13	7.58	13	8.74	13	12.74	8	7.71
	9	8.81	9	8.77	9	7.11	8	8.84
	11	8.33	11	9.26	11	7.81	8	8.47
	14	9.96	14	8.1	14	8.84	8	7.04
	6	7.24	6	6.13	6	6.08	8	5.25
	4	4.26	4	3.1	4	5.39	19	12.5
	12	10.84	12	9.13	12	8.15	8	5.56
	7	4.82	7	7.26	7	6.42	8	7.91
	5	5.68	5	4.74	5	5.73	8	6.89
平均数	9	7.50	9	7.50	9	7.50	9	7.50
方差	11.000	4.127	11.000	4.128	11.000	4.123	11.000	4.123
标准差	3.32	2.03	3.32	2.03	3.32	2.03	3.32	2.03
x 与 *y* 之间的相关系数	0.816		0.816		0.816		0.817	
线性回归线	y=3.00+0.500x		y=3.00+0.500x		y=3.00+0.500x		y=3.00+0.500x	
判定系数 R^2	0.67		0.67		0.67		0.67	

图 6-9 添加了概括统计量的安斯科姆四重奏数据

上面介绍的安斯科姆四重奏数据表明，我们自己可以构建出具有相似统计特征的多组数据。这不是什么新鲜事，这里我们举安斯科姆四重奏的例子也不是为了说这个。

安斯科姆四重奏的真正价值在于，当我们把这些数据在平面直角坐标系中绘制出来时所反映的东西。接下来，我们尝试把安斯科姆四重奏数据绘制在平面直角坐标系中。

数据可视化

做数据可视化时，我们会使用不同类型的编码把定量和定类数据值转换为图形属性，这些属性组合在一起，就形成了我们每天看到的各种图表和图形。

把安斯科姆四重奏中的四组数据绘制在平面直角坐标系中（x 列对应水平轴、y 列对应垂直轴），我们将得到图 6-10 中的四个散点图。

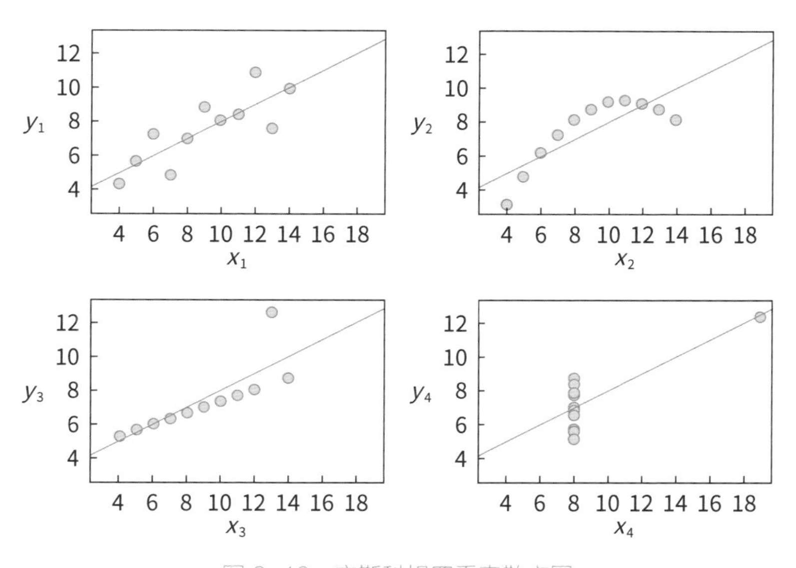

图 6-10 安斯科姆四重奏散点图

安斯科姆四重奏数据的特别之处在于，当在平面直角坐标系中绘制出四组数据时，我们能够立即发现一些完全无法用表格与概括性统计量揭示的模式：四组数据分别对应一条嘈乱的线（Ⅰ，左上），一条抛物线或弧线（Ⅱ，右上），一条有异常值的斜线（Ⅲ，左下），一条有极端异常值的垂直线（Ⅳ，右下）。

有些人试图使用安斯科姆四重奏数据指出将数据可视化是展现数据唯一有用的方式，这显然是站不住脚的。因为在三种数据展现方式中，每种方式都有其他独特的价值：

· 表格能够非常精确地（高精度）展现每个数据值。

· 概括统计量能够让我们轻松了解数据的集中趋势和离散程度。

· 将数据可视化（图形图表化）有助于揭示数据的内在模式。

以图形图表形式可视化数据虽然不像计数符号或表格那样古老，但肯定算不上新鲜事物。因为早在大约 250 年前，世界上就出现了一些把经验数据可视化的形式（相对于数学方程中的抽象数字）。接下来，我们将举一些著名的数据可视化例子，这些例子是由几位数据可视化先驱创建的。

1765 年，约瑟夫 · 普里斯特利（Joseph Priestley）发表了“历史人物年表”（A Chart of Biography），帮助他的学生了解人类历史。如图 6–11 所示，这张图表使用水平线段标识出了著名历史人物生命的起（左）止（右）时间。整个图表涵盖了从公元前 1200 年到公元 1800 年的 2000 名著名历史人物，如亚里士多德、欧几里得、居鲁士等。

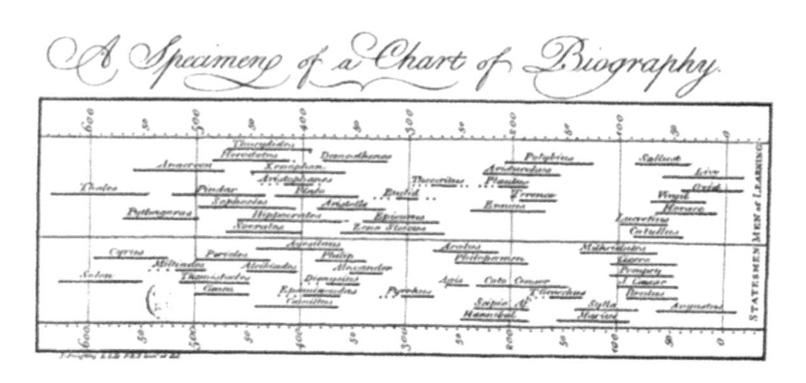

图 6–11　约瑟夫·普里斯特利绘制的“历史人物年表”

威廉·普莱费尔（William Playfair，1759—1823）是一位苏格兰工程师，他被认为是统计学图解方法的创始人。他发明了许多今天常用的图表类型，包括折线图、面积图和条形图。

1786 年（普里斯特利发表“历史人物年表”二十年后），普莱费尔出版了著名作品《商业与政治图解集》（*The Commercial and Political Atlas*），书中有一组（34 幅）彩色铜板图表，显示了英格兰与其他各个国家之间的贸易差额。图 6–12 展示了其中一张，描述的是 1700 年至 1780 年丹麦和挪威的进出口情况。请注意图表下方有一行说明，向读者指出了解读图表的方法：底边线按年份划分，右边线是金额，单位是万英镑。

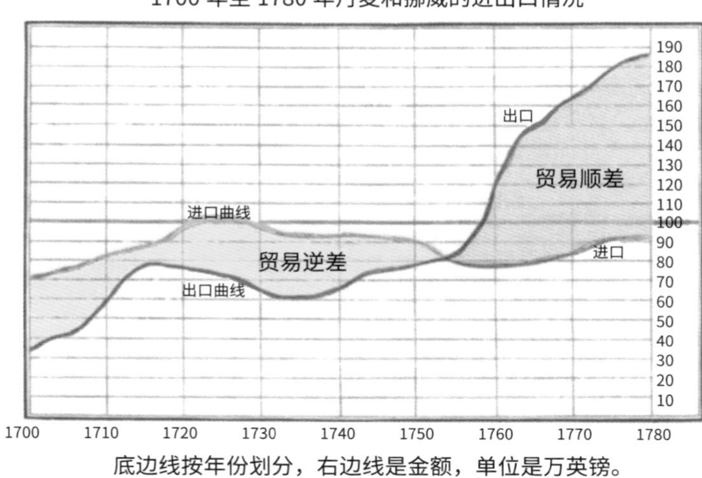

图 6-12　威廉 · 普莱费尔 1786 年作品《商业与政治图解集》中的 34 个图表之一

值得一提的是，普莱费尔在其后期著作《统计学摘要》（*The Statistical Breviary*，伦敦，1801 年）中用了一张饼图（世界上第一张饼图），并详细阐释他对数据可视化价值的看法：

使用图表这种展现方式的好处是方便获取信息，并有助于大脑记忆，这两项是学习与获取知识的重要活动。

在所有感官中，眼睛能够让我们对图形图表所描述的内容有最生动、最准确的了解与认识；尤其在观察不同数量之间的占比时，眼睛具有其他感官无法比拟的优势；眼睛会无意识地比较物体大小，因此眼睛具备这种能力，其准确性几乎是无与伦比的。

使用视觉通道或标记（如长度、角度、面积和颜色）对数量值编码，有助于我们通过快速视觉关联沿着 DIKW 金字塔向上移动，把“信息”转换成“知识”。

在《统计学摘要》一书的序言中，普莱费尔提到了数据可视化的另一个价值：激发学生学习统计学的热情。

> 我们相信，这么做对学生特别有好处：统计学太缺乏吸引力，没有哪门课程会比它更枯燥乏味，除非你的头脑和想象力被充分调动起来，或者对这一门课程特别感兴趣；但是，后一种情况无论对哪个阶段的年轻人来说都是很少见的。

在数据可视化领域，还有许多才华横溢的先驱者，比如弗洛伦斯·南丁格尔（Florence Nightingale，1820—1910）。南丁格尔被誉为现代护理学的奠基人，但她在数据可视化领域也留下了不可磨灭的印记。

她不仅是一位尽职尽责、有影响力的护士（因经常巡视伤兵而被亲切地称为“提灯天使”），还是一位才华横溢的统计学家。1858 年，南丁格尔写了一份报告《关于影响英国陆军健康、效率和医院管理的事项的说明》（*Notes on Matters Affecting the Health, Efficiency, and Hospital Administration of the British Army*），指出克里米亚战争期间土耳其战地医院糟糕的卫生条件导致了英国士兵的高死亡率。如图 6-13 所示，她在这份报告中加入了一些有影响力的图表，展示了军队士兵的真实生活。

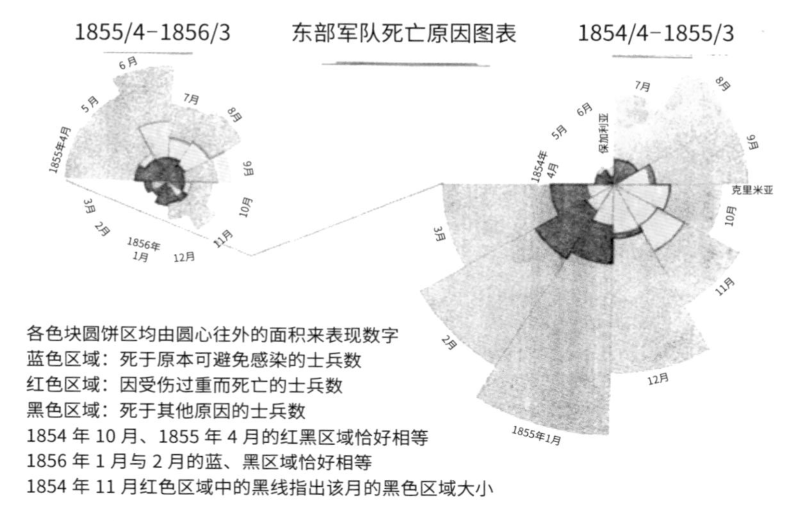

图 6-13　南丁格尔的“东部军队死亡原因图表”(1858)

这些被她称为“鸡冠花”的极区图清楚地表明，战争中英军死亡的主要原因不是战死（红色楔形区域），而是在战场外感染引起的疾病导致的（蓝色楔形区域）。图表还显示出冬季士兵的死亡率有所增加（每个楔形代表一年中的一个月份）。

这些图表让人们认识到改善医疗卫生条件的重要性，促成新政策的出台，从而挽救了更多的生命，这主要是因为南丁格尔把这些图表提交给了维多利亚女王，促成战地医院的卫生改革，使得伤员死亡率大幅下降。

这些先驱者和其他许多人奠定了在图表中使用长度、面积和颜色等编码来表示数据的基础。他们创造了数据视觉语言的第一批表达方式，而这些表达方式从那时起就不断发展演化。它们是全新的，观看者需要通过学习才能识读它们。

时间飞逝，今天我们生活在一个图表无处不在的时代。对不同类型编码相对有效性的研究让我们得以更好地理解大脑解读图表的方式。虽然许多问题仍然没有答案，但现在我们知道，如果把数字表示成某种长度（如柱状图），而不是面积（如聚集气泡图）或角度（如饼图），那我们就能更准确地判断出数据的真实大小。

为了说明这一点，请大家看一下图 6-14，并参考蓝色部分的值（在每个图表中都是 1.0），大胆猜一猜红色部分（条形、圆形、饼图）的值分别是多少。

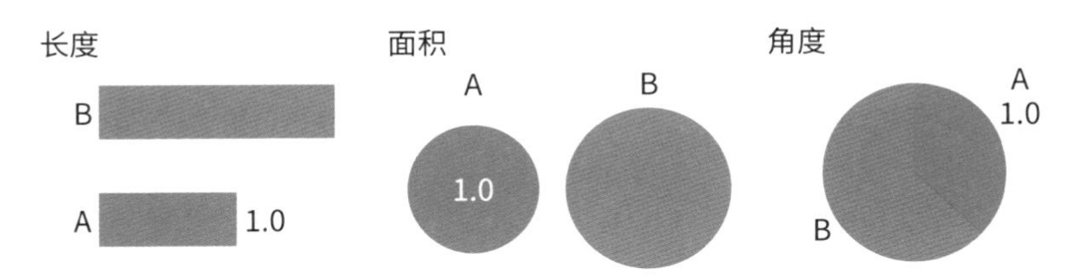

图 6-14　猜一猜不同编码类型下（不同图表下）红色区域的大小

答案是，每种图表下红色部分的值都是 1.7。也就是说，红色条的长度是 1.7，红圆的面积是 1.7，红色饼图的角度也是 1.7。但在这三种图表中，你会发现，使用左边的条形图，我们能够更轻松地猜出一个接近 1.7 的值。

过去几十年中，人们做过一些数据可视化实验，这个例子很好地反映出了这些实验背后的基本思想。这一系列实验让人们认识到，有些编码方式（图形图表）的确比其他编码方式更容易被人准确地解读出信息。

温哥华不列颠哥伦比亚大学计算机科学系教授、信息可视化专家塔玛拉·蒙兹纳博士（Dr.Tamara Munzner）制作了一个非常有用的图形，用来展现她对各种编码（图表）有效性高低的看法。在图 6–15 中，越靠上的编码方式（图形）表现力越好，有效性越高。请注意，“长度（一维尺寸）”在图中的位置比“倾斜 / 角度”和“面积（二维尺寸）”都高。这一点与图 6–14 中的实验结果相吻合。

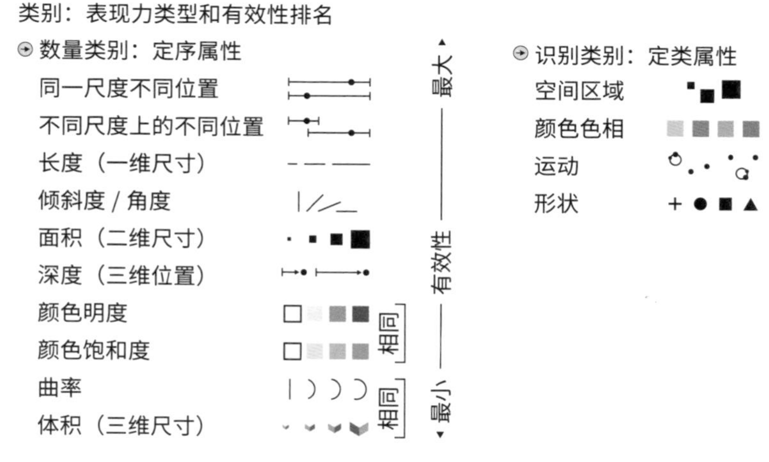

图 6–15　表现力类型和有效性排名[1]

---

[1] 塔玛拉·蒙兹纳，可视化分析与设计，插图：埃蒙·马圭尔（A K Peters 可视化系列，CRC 出版社，2014）.

如前所述，数据可视化是一种非常有用的工具，它可以帮助我们估计比例并找到隐藏在数据表中的模式，哪怕是单个图表和图形也能做到这些，比如前面介绍的那些先驱者制作的图表。但有时，在单个图中同时运用多种数据可视化方式有助于我们从数据中发现更多东西。

仪表盘

什么是仪表盘，这个术语是怎么来的？

如图 6-16 所示，早在汽车发明之前，英文“dashboard”（仪表盘）原来是指一块由木头或皮革制成的挡板，用来隔离骑手和拉马车的马匹，阻挡马蹄扬起的泥浆，免得泥浆打在骑手脸上。

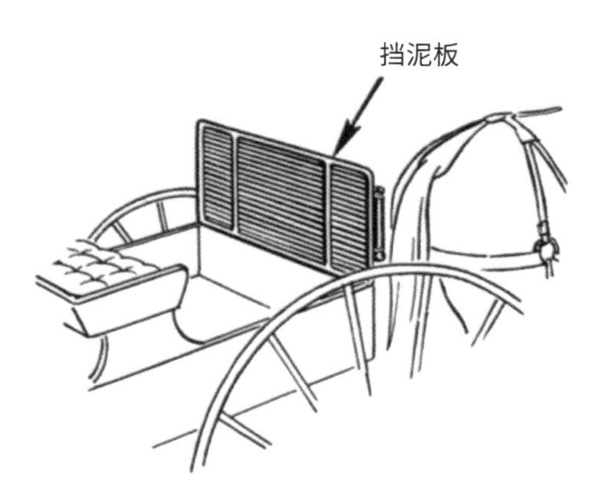

图 6-16 马车上的“仪表盘”（挡泥板）

当第一批汽车在20世纪初出现时，人们把这种挡泥板保留了下来，并用它来阻挡车轮转动时扬起的泥浆，以及发动机排出的热量和油污。

随着汽车设计的演化，挡泥板逐渐变成放置各种仪表和仪器的仪表盘，以供驾驶员随时了解汽车的运行情况。现代汽车的仪表盘（有时又叫仪器面板）被用来显示车辆各种复杂的信息，通常包括仪表读数、单个数据点和各种指标，如图6–17所示。

图6–17 现代汽车的仪表盘
[图片来源：Pexels，迈克（Mike）拍摄]

现在，我们使用“数据仪表盘”这个术语指代数据视图，这些视图中综合了数字、统计数据、表格、图表等元素，它们从多个方面描述某个情况，以便使用者能够了解事情的方方面面。

从这个意义上说，数据仪表盘与汽车仪表盘的作用非常类似：驾驶员通过查看仪表盘可以了解汽车的行驶速度、行驶距离、剩余燃料等信息，而雇主或流程经理通过查看数据仪表盘可以了解关键指标，以便掌握整个流程的运行情况。

史蒂夫·韦克斯勒（Steve Wexler）、安迪·卡特格雷夫（Andy Cotgreave）、杰弗里·谢弗（Jeff Shaffer）在《商业仪表盘可视化解决方案》（*The Big Book of Dashboards*）一书中给仪表盘下了一个简单的定义：

> 仪表盘是一种可视化的数据显示方式，用于监测某些状况，方便我们了解相关情况。

有时，我们希望引导受观众去了解某组特定的发现，以帮助他们对特定的主题形成特定的理解。这个时候，使用探索性仪表盘可能就不太合适了。毕竟，我们无法确保他们会按照我们期望的顺序去探索仪表盘的相应方面。这种情况下，我们可以用数据讲故事（data storytelling）的手法。

数据故事

过去十年间，“用数据讲故事”这个术语的使用频率越来越高，那么到底什么是数据故事（data story）呢？有些人认为这个术语仅仅是指从数据中获取某个发现或见解，而另一些人则认为它比这要复杂得多。

杰弗里·希尔（Jeffrey Heer）和爱德华·西格尔（Edward Segel）在2010年发表的题为《叙事可视化：用数据讲故事》（*Narrative Visualization: Telling Stories With Data*）的开创性论文中描述了一类被他们称为“可视化数据之旅”的新的可视化方式，他们试图利用这种方式把叙事与交互式图形结合在一起。

根据这个术语的使用方式，我们可以知道，数据故事不仅仅是一个简单的仿真陈述或图表。我们尝试对这个术语做如下定义：

数据故事是从数据中收集到的一系列发现，这些发现被组合成一个序列，形成一个连贯的叙述，能够帮助观众深入理解某个主题。

这个定义包含几个关键要素：

第一个关键要素是“发现”。数据故事的每个部分（每个故事点）都由一个或多个数据发现组成。这些发现可以由数据讲述者通过简单的数字或含有数字的陈述（比如“美国人口从1985年到2015年增长了35%”）来传达，也可以通过数据可视化（比如图表和仪表盘）来传达。

第二个关键要素是“序列”。根据上面的定义，一个数据故事包含多个部分，各个部分以特定顺序衔接在一起。通常，一个数据故事会有一个开头和一个结尾，而且中间还往往包含一个或多个部分。

第三个关键要素是“连贯的叙述”。牛津词典把“叙述”定义为“记叙文；讲述；故事”。“连贯”一词的含义是“组成一个统一整体的情节或事实”。在数据故事中，各种图表等视觉元素以特定顺序被串联在一起，并配有说明性文字。这些说明性文字有些是在演讲或录音中以口头形式表达的，也有些是以书面形式存在的，比如注释、标题、题注。通常，口头和书面叙述都伴着数据故事。

这就是我们在本节中使用术语“数据故事”时所指的含义。当然，这并不代表“数据故事”这个术语只有这一种含义。在生活的社区和工作场所与人交流时，我们也常使用这个术语，“数据故事”正变成一个越来越重要的交流方式。

我们还是以全球人口数据集（本章一直在用这个数据集）为例，说说如何用数据讲故事。

图 6-18 所展示的是 1960 年以来世界人口呈直线增长的趋势，这期间世界人口从 30 亿出头增加到 75 亿多。这条折线图带有如下注释：“近 60 年来，世界总人口一直在稳步增长。”

我们可以按地区进行细分，显示世界不同地区的人口规模。从图中我们可以看出不同地区在同一时期的增长速度是不同的。和第一个故事点一样，序列中的第二个故事点也是折线图，显示的是世界上七个地区的七条折线图，每条折线的颜色都不一样。这个故事点带有如下注释：“但在那段时间里，有些地区的人口增长超过了其他地区。”如图 6–19 所示。

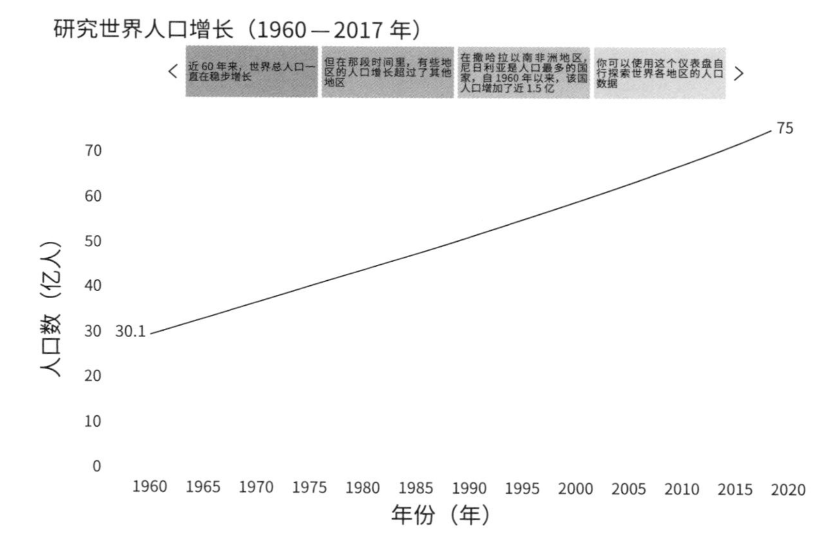

图 6–18　第一个故事点：全球人口变化折线图

从世界总人口到每个地区人口的转变实际上是一个“下钻”的过程，这一点我们在上一章讲“诊断性数据分析”时就提到过。

如果某个区域需要做进一步分析，我们可以继续向下钻取，深入其中：撒哈拉以南非洲，其人口增长是一条上升曲线。如果我们创建第三个故事点，显示撒哈拉以南非洲地区每个国家人口增长的折线图，那么我们就可以了解到尼日利亚和埃塞俄比亚等国家的人口增长情况了。如图 6–20 所示，第三个故事点带有如下注释：“在撒哈拉以南非洲地区，尼日

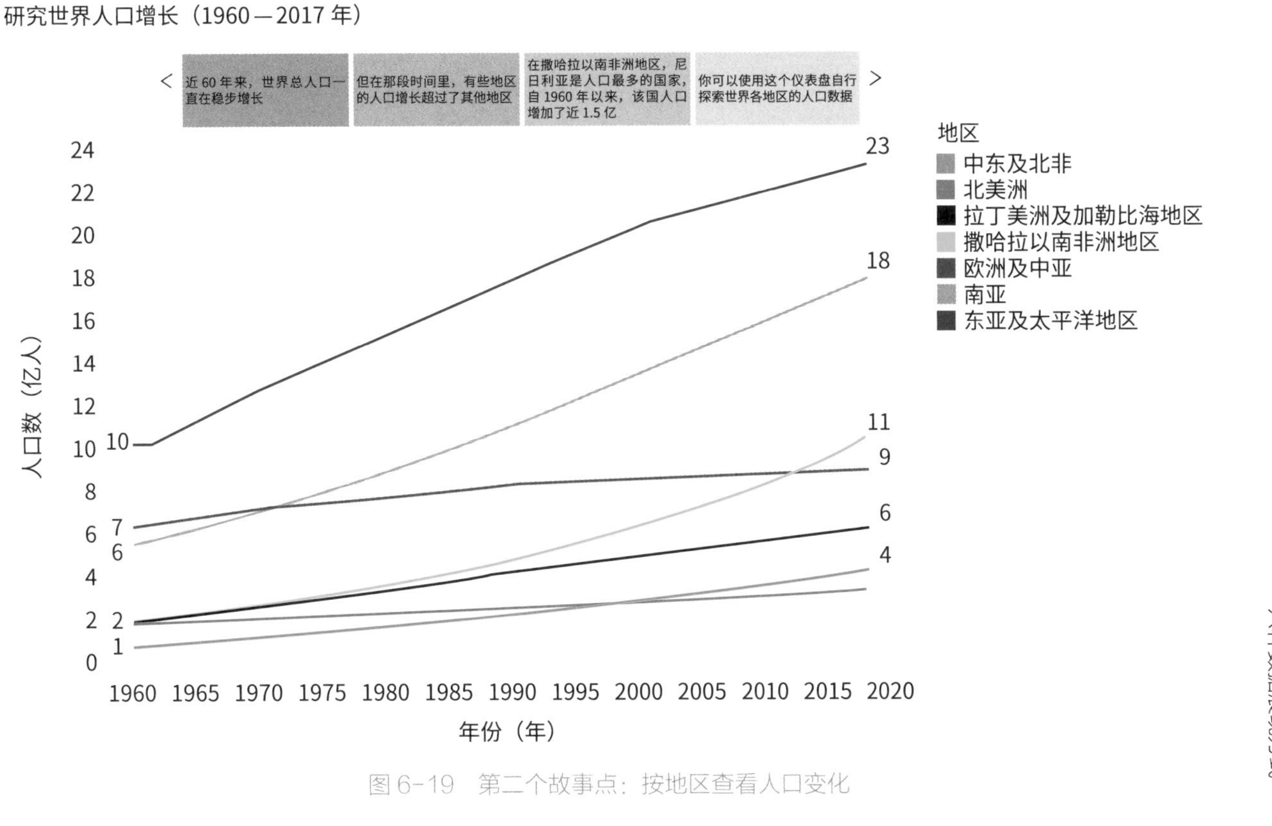

图6-19　第二个故事点：按地区查看人口变化

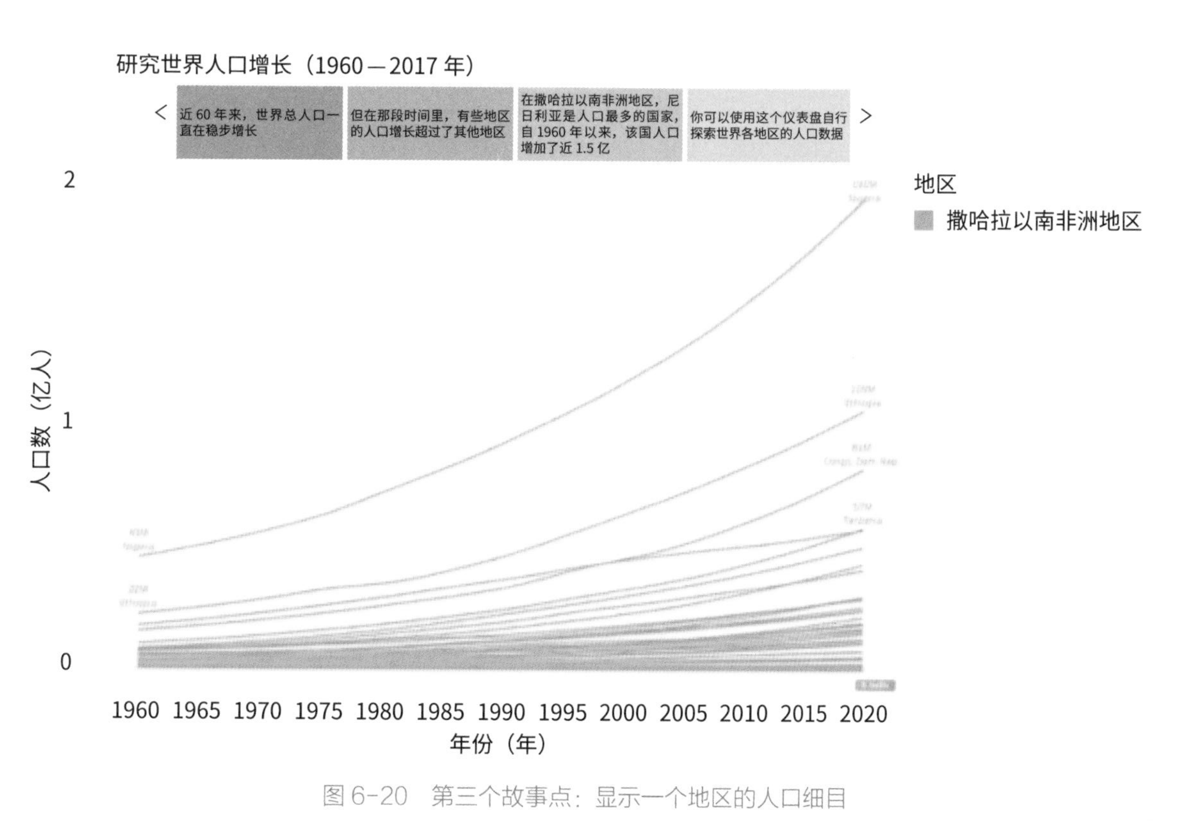

图6-20　第三个故事点：显示一个地区的人口细目

利亚是人口最多的国家，自 1960 年以来，该国人口增加了近 1.5 亿。”

这是一个简单的数据故事的例子，我们可以用它带领观众了解数据故事的含义，而这仅用一个单独的数字、表格、图表或仪表盘是很难甚至不可能实现的。数据故事的应用场景是多样的。有时这些数据故事通过幻灯片在真实或虚拟的会议室中以现场讲演的形式讲述，有时以“长篇”文章、报告或博客帖子的形式讲述，有时则以视频的形式录制并上传到互联网。

总之，六种数据展现方式各有各的用途，当我们与他人合作沿着 DIKW 金字塔向上探索时，可以把它们结合起来获得巨大的效果。

第 7 章

七种数据活动

> 单枪匹马，杯水车薪；同心一致，其利断金。
>
> ——海伦·凯勒

在多人合作把数据变成智慧时，每个人需要在这个过程中做不同的活动。这些活动不一定是专门针对某个工作或角色的，也不一定是以线性方式按顺序发生的。在大型组织中，它们不断地发生，而且以各种方式相互影响着。

下面我们逐个讲讲这些活动，这样，我们才能更深入地了解团队成员如何更有效地进行合作以及自己对以数据为引导的文化所能做的贡献。

这七种数据活动是：创建数据、构建数据源、准备数据、分析数据、呈现数据、消费数据和以数据为引导做决策。如图 7–1 所示。

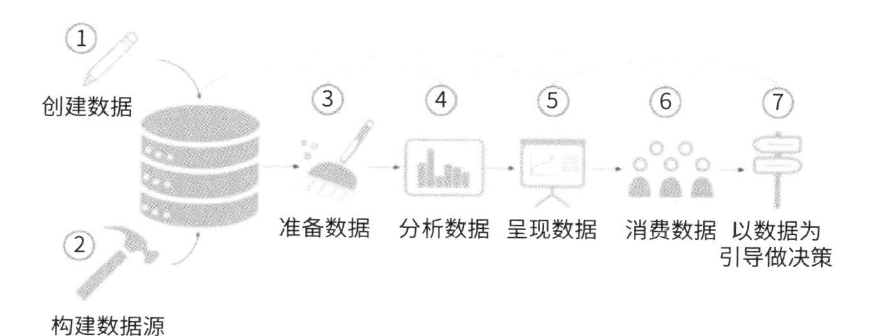

图 7–1　数据团队的七项活动

创建数据

我们每天都在有意无意地创造数据。当你出门散步时，无论你是否打开健身 App（应用程序），你口袋里的手机都会生成位置数据，并把它们存储到某个服务器上。从这个意义上说，不管我们是否察觉，我们都是当前正在进行的第四次工业革命的参与者。

公司员工在工作中为公司创建数据，有常见的几种方式：

· 在绩效考核过程中，经理把直接下属的评分输入公司人力资源相关的在线表格中。

· 技术支持专员在与客户通话在线排除故障时，把相关数据输入解决方案数据库或通话记录中。

· 仓库管理员在 ERP（企业资源计划）系统中查询库存并更新数量。

· 销售代表在 CRM（客户关系管理）系统中添加有关销售线索和机会的信息。

· 营销专业人员组织焦点小组来评估客户满意度。

· 研发工程师对产品原型做测试。

我们可以集思广益，让公司每个部门的人每天都有意识地创建数据。

公司员工在无意间创建数据的情形也有很多。有时他们做一些事是为了完成某个特定的目标，而在后台，他们的这些行为活动会被公司捕获、记录和存储起来，以便使用它们。通常情况下，人们知道并同意这种收集数据的行为，但有时又并非如此。例如：

· 扫描证牌开门并进入大楼
· 佩戴 RFID 标签卡走过 RFID（射频识别）识读器
· 携带公司发放的手机旅行
· 向同事发送电子邮件或聊天信息
· 使用公司 Wi-Fi 浏览互联网
· 走过门厅时，被摄像头和人脸识别软件记录下来

作为公司员工，我们在参与各种与工作相关的活动时创建数据的方式有很多很多，上面这些例子只是冰山一角。

不仅如此，作为各种产品和平台的客户与用户，我们也一直在创建数据。例如，在杂货店的自助结账设备上扫描条形码、在社交媒体平台上点赞、在收件箱中打开某个邮件。所有这些活动都会被系统跟踪并存储在数据库中，供人们分析使用。

作为人类社会的一分子，我们也经常创建数据。例如，在选举中投票、驾驶汽车途径路边测速的交警、提交由政府相关机构接收和存留的纳税申报表、填写人口普查问卷、填写驾驶执照、通行证、学生贷款表等。

每一年，我们创造的数据都比前一年更多。

构建数据源

当所有数据创建出来之后，人们必须设计和创建一个系统来收集和存储这些数据，以便日后访问使用它们。这个系统可以很简单，如采用手工更新的列表或电子表格，也可以很复杂，如在云端建立的数据库。

每次去市场购物之前，我们可能会事先写一张购物清单，其实这个简单的购物清单就是一个数据源，为社交媒体平台工作的数据工程师团队也在做类似的事情，以确保数百万用户能够彼此顺畅地交流。这是两个截然相反的极端，但它们的目的都是捕获数据、存储数据，以及使数据便于访问。

构建数据源时，我们需要考虑许多问题。数据工程、数据库安全和隐私等学科非常复杂，而且发展迅速，我们无法在这里详细介绍所有相关内容，因此，我们只简单列出关键活动中经常涉及的几个问题：

（1）数据存储在哪里？

· 数据是存储在电子表格、数据库、文档还是文件中？

· 数据要么存储在本地数据库中，这些数据库安装与运行在数据所有者自己的服务器上；要么存储在远程数据库中，由运营服务器或云服务的第三方管理。

· 云可以是公共云（由第三方提供商拥有和运营）或私有云（专供单个组织或企业使用的资源），也可以是混合云（由公共云和私有云组合而成的解决方案）。公司间的创新合作越来越多，这些定义因而变得越来越模糊。

（2）数据以什么结构存储？

· 如果数据要存储在关系型数据库中，那么数据工程师就要设计借助主键和外键进行关联的数据表。例如，一个 Customers（顾客）表会有一个名为 Customer_id 的主键，用来唯一标识每一个顾客；一个 Orders（订单）表会有一个名为 Order_id 的主键，用来唯一标识每一个订单。通过把订单表中的 Customer_id 用作外键，我们可以把两个表格关联在一起，以便跟踪每个顾客下的订单，如图 7–2 所示。

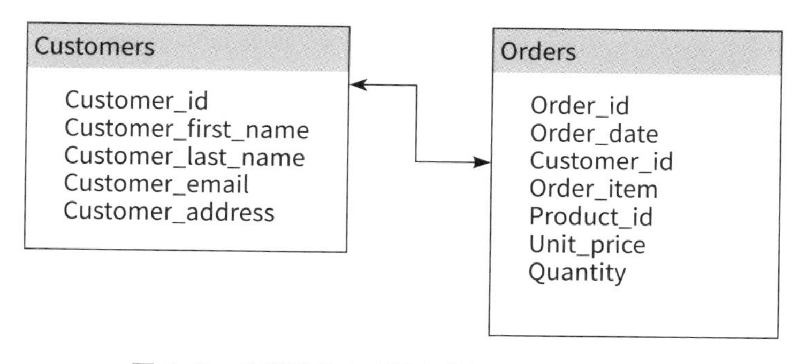

图 7–2 关系数据库中两个数据表的关联示意图

（3）数据多久刷新一次？

· 数据库更新频率不一样，有的需要每天更新多次，甚至每分钟更新多次，而有的数据库只需要每年更新一次或更少。

· 例如，那些用于显示网站流量的数据库就是需要高频率更新的数据库。而记录夏季奥运会或冬季奥运会奖牌数的表格就是一个更新频率很低的数据库的例子，因为它们每四年才举行一次。

（4）谁能访问数据，谁不能访问数据？

· 组织机构必须确保其数据的安全性和隐私性。这涉及大量安全控制措施，用于保护数据库免受各种损害和威胁，以保证数据库有良好的机密性、可用性和使用性能。

在从数据源获取数据并将其转换成可用形式的过程中，通常还需要做一些额外的工作，我们在下一节中介绍这些工作。

准备数据

在分析数据之前，我们需要先把数据从存储形式转换成适合分析的形式，这部分工作需要花费不少时间。甚至有人估计，查找和准备分析数据的工作占据了分析师 80% 的时间[1]。

准备分析数据这项活动包含哪些步骤呢？我们介绍一下准备分析数据时最常见的几个步骤。

（1）查找数据

当今人们已经花了无数时间来设计各种帮助用户搜索和

[1] https://hbr.org/2017/05/whats-your-data-strategy.

查找数据的软件，这样说来，查找数据应该是一件非常容易的事。但事实并非如此，公司的分析师面对的数据源令人眼花缭乱，为了找到所需的数据，他们必须在这些数据源中搜索。

这种获取相关数据的努力催生出了两个概念：“数据馆长”（data curator）和“数据目录”（data catalog）。

像博物馆的馆长一样，团队中扮演数据馆长角色的成员会查找、组织和传播对组织有较高价值的数据源。这些成员可能是数据工程师或数据分析师，他们必须非常熟悉数据源和分析师的需求，因为他们需要给数据工程师提供对现有数据源的建议，还得做数据准备工作，展示数据，以及培训分析师使用数据。

数据目录是一个数据源和元数据（提供与数据有关的信息的数据）的清单，也是一个供分析师搜索和查找数据的平台，借助这个平台，分析师可以了解数据是否适合用于回答他们的特定问题，甚至还可以通过评论和聊天功能与其他分析师就数据有关问题进行讨论和互动。

（2）清洗数据

数据几乎总是“脏”的，里面会包含一些数据输入错误和打字错误、不完整或空白值（也称 null）、不准确的读数、重复的值、单位不一致的数据、不安全的字段（公开这些字段会导致隐私受到侵犯），等等。

查找与清洗“脏”数据是准备分析数据过程中一个必不可少的步骤。这个步骤可能会非常耗时，但是我们可以使用Trifacta、OpenRefine、Tableau Prep这类数据准备工具快速标出数据源中的问题，使其更方便清洗。

但是一定要注意！千万不要让脏数据进入后面一系列的活动中，否则你会得到错误的结果，进而做出错误的决策。

（3）数据重组

有时，数据表的结构是错误的，因此在分析数据之前，我们需要重新组织一下数据。这种结构上的不匹配通常是由分析师所使用的可视化软件或分析软件造成的，因为这些软件往往要求数据具有特定的格式。

例如，你的数据源提供的是单次销售交易，但你希望分析月度销售情况。在这种情况下，我们就需要按月汇总销售数据。

有时我们需要对数据做“透视”（pivot）或“逆透视”（unpivot）操作。比如，你有一个按产品和月份列出的销售额表格，这个表格可以采用如下两种格式中的一种：一种是“窄幅”格式，所有销售额上下堆叠在单个列中；另一种是“宽幅”格式，每个月的销售额在各自的列中并排排列，如图7–3所示。

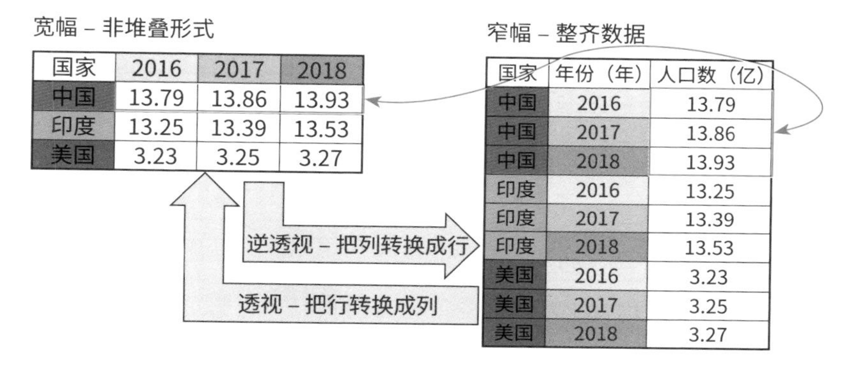

图 7-3　数据表的透视与逆透视

（4）合并数据

有时，我们需要分析的数据位于不同的数据表中。在这种情况下，做数据准备工作时，就要把需要用到的数据合并到一起。例如，某个国家某一年的人口数据存储在一个表中，而另一年的数据存储在另外一个表中。这种情况下，我们就需要通过“合并”（union）操作把多个表中的数据合并起来，即通过对齐多个表的公共列的列名把多个表格中的数据行合并在一起，如图 7–4 所示。

另外一种把不同来源的数据合并到一起的方法是连接（join）。做连接操作时，我们所做的并不是向表格中添加新的数据行，而是把不同表中的数据列合并在一起。例如，你打算比较一下三个国家 2018 年的人口数和各自的国内生产总值（GDP）。三个国家的人口数据在一个表格中，而 GDP 数据

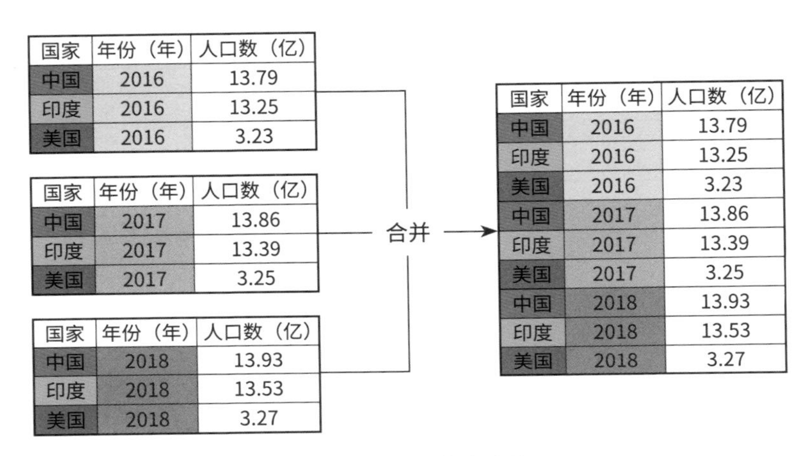

国家	年份（年）	人口数（亿）
中国	2016	13.79
印度	2016	13.25
美国	2016	3.23

国家	年份（年）	人口数（亿）
中国	2017	13.86
印度	2017	13.39
美国	2017	3.25

国家	年份（年）	人口数（亿）
中国	2018	13.93
印度	2018	13.53
美国	2018	3.27

国家	年份（年）	人口数（亿）
中国	2016	13.79
印度	2016	13.25
美国	2016	3.23
中国	2017	13.86
印度	2017	13.39
美国	2017	3.25
中国	2018	13.93
印度	2018	13.53
美国	2018	3.27

图 7-4　合并多个表格

（单位：美元）在另外一个表格中。此时，我们可以通过简单的连接操作，把两个表格合并在一起，如图 7-5 所示。

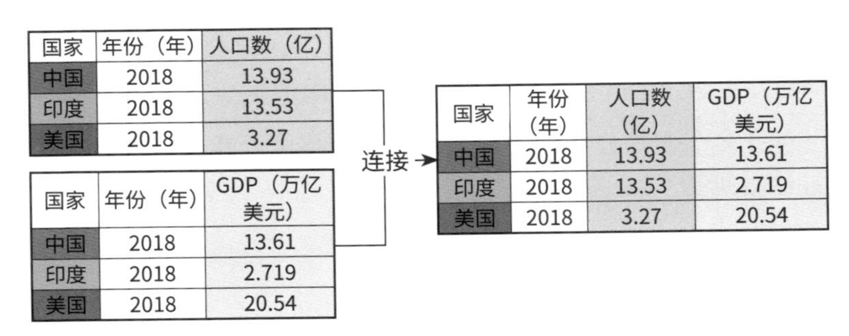

国家	年份（年）	人口数（亿）
中国	2018	13.93
印度	2018	13.53
美国	2018	3.27

国家	年份（年）	GDP（万亿美元）
中国	2018	13.61
印度	2018	2.719
美国	2018	20.54

国家	年份（年）	人口数（亿）	GDP（万亿美元）
中国	2018	13.93	13.61
印度	2018	13.53	2.719
美国	2018	3.27	20.54

图 7-5　简单的连接

在前面几个简单的例子（透视、合并、连接）中，我们选用的都是规模很小的表格。如果你的表格比较大，这些操作就会变得更加复杂，而且表格越大，操作越复杂。因此，我们在做数据准备工作时，必须考虑大量细节和问题，比如，行或列不匹配时怎么办，如何处理空值或空白值等。到现在，你已经对这些数据活动有了基本的了解，幸好这些内容也并非晦涩难懂。

分析数据

准备好数据后，就该分析数据了，这是整个过程中最好玩的部分了！在第 1 章中，我们讲到 DIKW 金字塔，而数据分析的目标就是沿着 DIKW 金字塔向上提升到更高的层级：通过解释把原始数据转化为信息，通过强有力的关联把信息转化为知识。

市面上有大量的工具和技术可用于数据分析。在第 5 章中，我们介绍了五种最常见的数据分析方法：描述性数据分析、推断性数据分析、诊断性数据分析、预测性数据分析、指导性数据分析。这五种方法既可以单独使用，也可以相互结合使用，用来回答人们在进行数据分析之初提出的问题，并在数据发现过程中发现更重要的问题。

此外，还有大量数据分析软件和编程语言可供数据分析师选用，而且这类工具越来越多，导致我们可选择的范围越来越大。从电子表格到自助分析平台，再到数据科学笔记本和代码，我们可以使用的工具从未像现在这样强大。下面是一些流行的数据分析工具：

· R、Python 等编程语言与 SQL（结构化查询语言）

· RStudio、Jupyter Notebook、Jupyter Lab

· Microsoft Excel、Google Sheets 等电子表格软件

· Trifacta、Tableau Prep 等数据准备软件与工具

· Microsoft PowerBI、Tableau Desktop 等自助分析软件

· SPSS、SAS 等统计软件

· Alteryx、Knime 等高级建模软件

借助这些工具，数据分析师可以深入到数据中，塑造数据、探索数据、做计算，把数据转化成知识，并最终把知识与经验、直觉结合起来，进而对世界产生更深入的理解。

举个简单的例子，比如数据分析师想确定一个衡量各个国家经济产出的标准，这个标准要考虑到各个国家常住人口数量。此时，他们可以用 GDP 除以人口数，算出“人均 GDP”，作为衡量一个国家人民生活水平的标准。如图 7–6 所示。

国家	年份	人口数（亿）	GDP（万亿美元）	人均 GDP（美元）
中国	2018	13.93	13.61	9770
印度	2018	13.53	2.719	2010
美国	2018	3.27	20.54	62795

图 7–6　包含人均 GDP 指标的表格

如图 7–7 所示，他们可以进一步分析这些数据，并绘制出人均 GDP 随时间变化曲线。这样，他们就会发现美国的人

均 GDP 在过去半个世纪中稳步增长，只有 2009 年例外，那年下降了近 1300 美元。

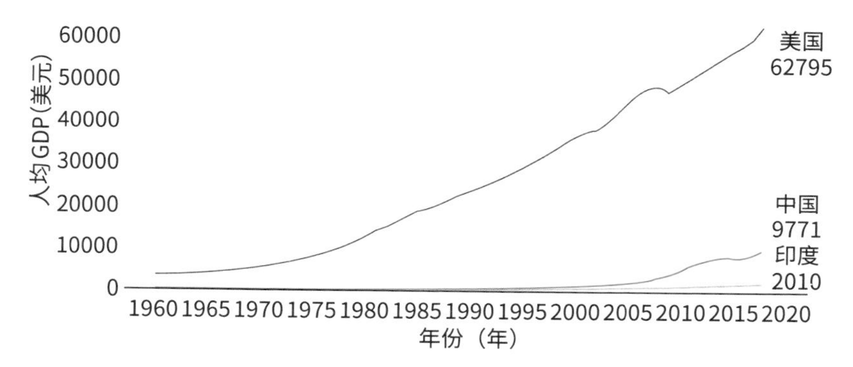

图 7-7　1960—2018 年间美国、中国和印度的人均 GDP

如果他们想了解那段时间发生了什么，就可以在互联网上搜索“美国 2008 年至 2009 年 GDP 下降”。在搜索结果的最上方中，就会发现 2007 年至 2009 年是美国的经济危机时期。请注意，数据分析的最好结果往往不是找到所提问题的答案，而是提出一个你不曾注意到的新问题。而且，新问题的答案几乎不可能在数据中找到。为了找到答案，我们往往需要查询其他信息源，以便更好地了解发生了什么以及成因是什么。

很明显，按人均 GDP 看，美国的经济规模要比中国和印度大得多，但是哪个国家的人均 GPD 增长最快呢？更具体地说，与 2000 年相比，哪个国家的人均 GDP 增长最快？

简单变换一下视角，数据分析师就会发现自 2000 年以来，中国的经济增长了九倍以上，印度增长了三倍以上，而同时期内的美国经济增长还没翻倍，如图 7–8 所示。

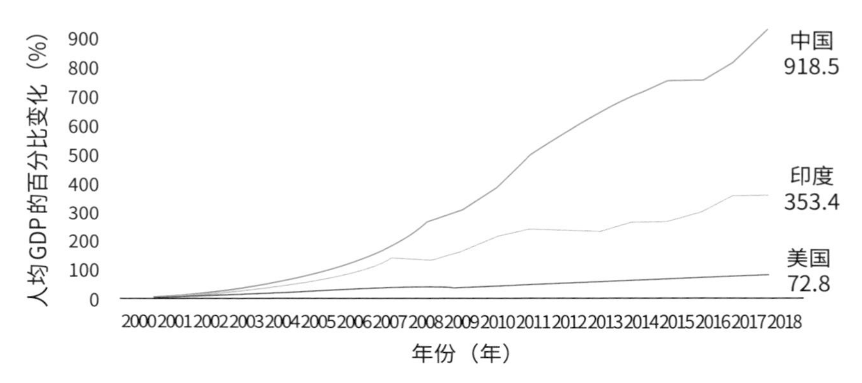

图 7–8　人均 GDP 相对于 2000 年水平的百分比变化

就中国人均 GDP 而言，918.5% 的百分比变化意味着什么？意味着 2000 年中国的人均 GDP 为 959 美元，到了 2018 年增至 9771 美元，即增加了 8812 美元。前面我们讲过，百分比变化的计算公式是（当前值 – 先前值）/ 先前值 ×100%。使用这个公式计算百分比变化：（9771–959）/959 × 100%= 8812/959 × 100%=918.5%。

在记忆百分比变化含义时，有这样一个简单方法。

· 一个值增加了 100%，就是翻了一番。

· 一个值增加了 200%，变为原来的 3 倍，增加了 2 倍。

· 一个值增加了 900%，变为原来的 10 倍，增加了 9 倍，以此类推。

数据分析师可以继续使用这些数据和其他混合数据来提出和回答其他许多问题。比如，人均 GDP 和平均寿命有关系吗？这些国家的经济增长是明显大于还是小于所在地区的邻国？根据历史趋势，中国经济将在哪一年比 2018 年翻一番？针对这些数据，分析师可选择的调查路径有很多条，上面只是列出了其中很少的一部分。

呈现数据

数据在经历了收集、准备、分析这几个阶段之后，接下来该分享出去了，这就涉及数据的呈现问题。与前面介绍的其他数据活动相比，数据呈现是一个完全不一样的活动，需要用到完全不同的技术。

你或许能从数据中发现一些别人发现不了的新东西，但这并不意味着你能找到一种吸引人且有影响力的表现方式把这些东西呈现给别人。统计数据是冰冷而枯燥的，优秀的数据呈现者能够找到一种合适的展现方式，让数据变生动起来，从而使其能够轻松地被受众所接受。那么，怎样才能让数据变得生动起来呢？显然，只用花哨的图表和幻灯片是不够的。我们还需要关注人的因素，研究如何把数据与真实的生活关联在一起。

现在，人们越来越重视“数据翻译师”（data translator）在组织机构中的作用。数据翻译师在数据专家和实际决策者之间架起了一座桥梁，因为他们既了解数据语言，又了解业务需求。数据翻译师不一定会亲自在一大群人面前展现数据。有时，他们只是帮助负责展现数据的人理解和组织加工数据信息。当然，这仍然算是在呈现数据，只不过面向的受众非常少。

呈现数据时，我们需要考虑多种因素：

（1）观众：认识、不认识，还是两者都有？

有时，展现数据的人面对的观众人数相对较少，而且对他们知根知底。例如，一位公司高管向董事会汇报季度业绩，董事会只有十几个人，而且彼此都熟悉。在这种情况下，演讲者可以根据观众关心的点、需求和已有的知识精心制作要呈现的内容。

还有些时候，展现数据的人面对的是大量不认识的观众。例如，当一名记者在公共新闻网站上发表一篇包含数据的文章时，他们无法确定谁会看，谁不会看。

当然，可能还有一种情况，那就是演讲者面对的观众中，有些人认识，有些人不认识。这些情况下，演讲者必须确定哪些人是主要受众，并在呈现数据时把关注点放在那些人身上。

在制作面向特定受众的数据呈现内容时，需要考虑以下几个问题：

· 观众关心什么，他们的目标是什么？

· 他们是否熟悉你要展现的那些数据？

· 是否有特定的术语或者他们常见的术语，比如常见的行业指标、类别、缩写词，等等。

· 有没有他们常见的某类图表，以及不熟悉的图表？

· 某些颜色、图像或符号对他们来说是否具有特定含义？

· 是否有他们熟悉的约定，比如千位分隔符、日期格式、货币等。

当演讲者确定好目标观众之后，下一步就是确定自己希望通过演讲达到什么目的。

（2）期望的结果：行动还是认识转变？

演讲者应该想清楚自己希望通过演讲达到什么样的效果。是希望观众采取特定的行动，还是只希望帮助他们意识到一些事情？若是后者，我们就有必要考虑得深一些了。比如，对于新意识到的事情，观众的反应是怎样的？

如果演讲者想评估演讲的效果，就有必要把期望成果清晰地表达出来。

（3）媒介：视觉、听觉，还是文字？

另一个需要考虑的重要问题就是信息的呈现媒介。也就是说，演讲者可以选用哪些交流方式？

· 视觉方式，如图表、图形或幻灯片

· 声音方式，如口述或音乐

· 书面方式，如文章（长篇文字）或图表注释

· 交互方式，如仪表盘或应用程序

每一种交流方式都能帮助演讲者与观众建立联系并传达信息，而且每种交流方式都有其自身的优缺点。

（4）演讲方式：直播、录播，还是现场演示？

在演讲者向现场观众传递信息时，他们可以自己选择与观众的互动方式。

· 观众有哪些能力提出问题、提供评论或以其他方式发表意见？

· 观众是齐聚一堂，还是身处不同的地方通过自己的设备上网观看？

· 他们是否可以完成一些特定动作，比如投票、参与问卷调查，或者以某种方式与数据进行交互？

上面这几个问题是我们在展现数据时必须考虑的，搞清楚这些问题，才能确保你传递的信息能够对观众产生影响。

消费数据

我们一边在创造数据，一边又在消费数据（使用数据）。无论是浏览新闻、听团队的月度业绩评估报告，还是与人谈论某个政治话题或公共卫生问题，我们都在消费别人提供的数据。

一方面，我们要对别人展现的数据持开放态度；另一方面，我们也要对它们保持怀疑并提出许多问题。无论如何，我们都要考虑信息的来源，包括呈现数据的人，以及数据本身。

· 演讲者是谁，他们的目的是什么？

· 数据的来源是什么？

· 数据源有哪些局限性？

· 演讲者使用何种方式转换数据？

· 数据的上下文背景是否充分（时间、人口、年龄）？

· 数据展现的详细程度是否合适（既不要太细致，也不要太粗略）？

· 数据展现方式是什么，有助于做什么比较？

· 数据给你带来了哪些疑问？

在使用别人提供的数据时，我们应该搞清楚这几个问题。对我们每个人来说，最重要的是把自己变成一个机敏又老练的数据使用者，而随着时间的推移，我们会越来越常接触到这些交流方式。

以数据为引导做决策

在分析数据和消费数据的人当中，肯定有一些人需要根据学到的知识做出决策。这一步对应着 DIKW 金字塔的塔尖层，即应用从数据中获得的知识。相比于其他层，这一层中人的因素占比更大一些，决策者需要综合运用第 2 章中提到的两类思维系统（分析与直觉），才能搞清楚要往哪个方向走，如图 7–9 所示。

当这一步真正开始实施时，变化才会发生，人们的生活才会因此而改变。这不适合胆小的人，因为数据中总是存在未知和不确定性，而我们很难预判一个决策最终会产生什么样的

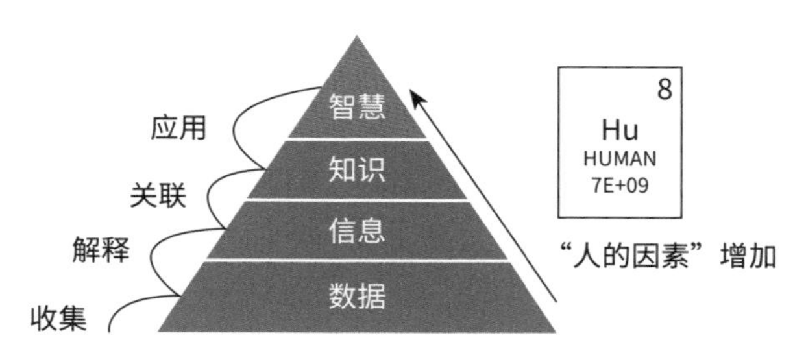

图 7-9　基于数据做决策即是应用知识

结果。这就跟人生一样，既美好又有遗憾。数据不是全知全能、完全客观的上帝，我们不要指望它把我们从曲折的旅程中拯救出来。

正因如此，我们才说数据引导型决策要优于数据驱动型决策：光有油开不了车，光有数据也做不了决策。做决策时，数据虽然可以将我们往前推一把，但它无法控制前进的方向。

不过，有些决策确实是由纯数据驱动的，因为有些过程是自动化的，根本不需要任何人工干预。比如，在线图书零售商不会专门去雇用专人手动统计你的历史购买记录，并手动为你生成一个推荐书单。毕竟，从一些大型在线零售商的销售规模来看，这种纯人工的决策难以做到。

但是，大多数重要的决策还是需要人参与其中的。做这类决策时，不仅要参照数据，还要结合我们自己或他人的经验、直觉，在不同选择之间做权衡，再做一些尝试，最终找到一条正确的道路。在做这类决策时，我们必须坚持以人为中心，以数据为引导的策略。

第8章

八个提前问的问题

> 问对问题，答案定会自己显现出来。
>
> ——奥普拉·温弗瑞（Oprah Winfrey）[1]

当我们在生活的三大领域（私有领域、公共领域、专业领域）中遇到数据时，我们有必要停下来问一问有关数据本质，以及我们与数据之间的关系的八个问题。

数据展现形式多种多样，比如单个数字、统计指标、数据表、图表、仪表盘、数据故事等。无论我们遇到的数据是何种形式，这八个问题都是有意义的。还记得吗？这六种数据展现形式我们已经在第 6 章中介绍过了。

此外，不管我们是什么角色，也不管我们正在做什么活动，都应该问一问这八个问题。我们在前一章讲到了七种数据活动，在每种数据活动中我们都可以问这些问题。通常，这些问题的答案都是显而易见而且简单的。但有时，某些问题可能很难回答，也很复杂。

无论这些问题的复杂程度如何，它们都能揭示数据一些非常重要的情况，而这些情况正是我们需要去了解的。这八个问题可以使用如下八个关键字来概括：为什么（Why）、哪里（Where）、谁（Who）、什么时候（When）、哪个（Which）、

[1] 美国演员、制片人、主持人。——编者注

什么（What）、如何（How）、多少（How Much）。

我们先回答第一个问题："为什么数据对你来说很重要？"

为什么数据对你来说很重要？

在这八个问题中，第一个问题至关重要。只有回答了第一个问题，才能继续讨论其他问题。数据之所以重要，原因可能有很多个。比如，或许你正在寻找帮助你做决策的数据信息，或许你正试图为自己或其他人已经做出的决策做辩护。这是两种截然不同的情况。后者描述的其实是一种"证实偏差"现象：证实偏差是指人们在搜集、回忆、解读信息时，总是倾向于寻找那些能够支持自己已有观点或信念的信息，而忽略那些与自己观点相矛盾的信息。请注意这一点。

这意味着，这个背景可能不是做决策，而是寻求理解，或者寻求启发，也可能是有人抛出了一个主张、看法或观点，而你想收集一些信息来帮助你证实或反驳它。如果你已经确定自己是想证实还是反驳，你就有了再次陷入证实偏差陷阱的危险——要做到理智上的诚实并不容易。

无论哪种情况，你都要明确自己的目的，搞清自己重视相关主题或结果的原因，然后继续下一个问题。

数据来自哪里?

数据来源至关重要。当有人向你展现数据或者引用一个事实或数字但没有告诉你数据来源时，你应该立即请他们给出数据来源。如果他们无法或者不愿给出数据来源，那么对于他们的主张，你最多只能保持中立态度。

数据来源是多种多样的。有的数据来源很简单，比如手工编制的简单表格；有的数据来源很复杂，比如基于云的数据仓库。

很多时候，我们用到的数据很可能有多个来源。

例如，在计算某个指定的值（如各个州的居民人均收入）时，我们可能就需要把数据库中的数据和其他来源（如电子表格）的数据综合起来计算。在这个例子中，收入数据有可能来自一家公司的数据库（记录着销售交易数据），而人口数据则有可能来自一个电子表格，而这个电子表格中的数据是从某个网页的某个表格中复制过来的。

简单地说，如果你无法确定某些数据的来源，就不要用它们研究现实的世界，也不要基于它们做任何决策。

谁拥有和更新数据?

在确定数据的来源之后，我们的一个重要的事是搞清楚数据归谁所有，以及谁负责更新数据。数据归谁所有与谁负责更新数据有可能是两件完全不同的事。

例如，数据库可能由公司的信息技术（IT）团队所有，但由业务团队负责更新。IT 团队负责创建与管理数据库，而业务团队则负责持续不断地向数据库中输入数据。例如，业务团队可能是一群客户服务代表，他们通过电话或在线聊天工具与客户保持联系，记录下客户反映的问题和投诉，并填写相关表格，然后表格中的数据就被存入数据库。

公司内部各个团队之间存在着沟通障碍，这使得 IT 团队成员可能对数据库中的数据及其与业务的关联性知之甚少，而业务用户则可能对数据输入系统后所发生的事一无所知。

此外，每个数据所有者和更新者都有不同的目的、议程和偏好，这些都会对数据的有用性和可信度产生很大的影响：如果我们根据数据输入过程的完成时间对客服人员进行评级，那他们很可能就会选择走捷径，最终导致编码不准确。如果数据库管理员的目标是优化数据库的性能，他们做出的决策就有可能影响到数据的更新频率。

有些时候，数据所有者或更新者会基于特定目的捏造数字。我们未必总能查明他们是否做了这样的事，但是至少从一开始要知道他们是谁。

不要老把人往坏处想，毕竟每个人或团队只是在尽全力做好本职工作，而他们分别有不同的衡量方法。但也不要太天真，毫无准备。为此，我们一定要搞明白如下几个问题：谁拥有数据，谁更新数据，他们的目标是什么，如何衡量，他们想取悦谁？

上一次更新数据是什么时候？

这个问题看起来是个小细节，似乎没那么重要，但是实际上它对我们能从数据中获得什么产生巨大影响。因为时间是数据在收集阶段的一个基本特征，所以当有人向我们展现一个图表或图形时，我们首先要搞清楚数据和时间是什么关系？

为此，我们可以根据具体情况尝试提出如下几个问题：

· 数据中的第一条和最后一条记录是何时收集的？

· 数据多久更新一次？

· 每个周期（比如日、月、年）的数据都是完全的，还是只有一部分是完全的？

· 如果数据中包含日期时间（时间戳），那是哪个时区的日期和时间？

· 你面对的数据是新数据，还是经过更新的旧数据？

这些问题非常重要，我们举几个简单的例子。例如，查看季度销售数据（包含公司第二季度的营业收入），我们发现，销售额相比于去年同一时期下降了 25%，此时我们就有必要了解一下第二季度的数据是否是完全的。如果我们只有第二季度中的两个月的销售数据，那么事实上第二季度的营业收入其实在增长。

如果我们是在第二季度的总结会议上看到的销售数字，那我们看到的极有可能是整个季度的销售额。那如果我们是从公司门户网站或共享盘中的数据仪表盘上看到数据的呢？在这种情况下，我们看到的季度数据很可能是不完全的。

面对数据时，我们先要找一找有没有指示数据上次更新时间的信息，若找不到，你可以主动问一下相关人员。当最近一次数据更新发生时，如果某个年度、季度、月度或某周还没结束，那么当我们在不同时间段之间进行比较时，就需要注意了。毕竟，一不小心，我们就有可能陷入一些风马牛不相及的比较之中。

此外，我们还要认识到，数据值会随着时间不断变化。例如，在新冠疫情暴发期间，由于检测结果需要等待一段时间才能出来，所以某一天的确诊病例和死亡人数往往会在晚些时候发生变动。比如，计算一个国家某一天死于某种疾病的人数，同样是这个问题，过一天统计与过几周统计，结果可能完全不一样。

哪些变量是最重要的？

生产环境下的数据集一般都非常大，每条记录可能由几十个、几百个甚至几千个属性或变量组成。通常情况下，单独考虑每一个变量是不现实的。因此，如果没有合适的数据挖掘算法帮我们筛选属性来寻找模式，那我们就只能把视野缩小一些，只关注那些对我们最为重要的变量。

此外，对于那些我们认为十分重要的变量，我们还要考虑它们的形式，考虑是否有兴趣查看单个值、单个值的总和，以及平均值、百分比或比率等统计量。有时，我们看到的是这些变量的总值，但我们可能对相对值或者百分比（体现部分与整体关系）更感兴趣。

例如，如果我们想了解全球肉类供应在过去六十年间的变化，那我们可以根据联合国粮食及农业组织（FAOSTAT）的估计找到或创建一个折线图，如图 8–1 所示。从折线图中我们可以看出，海鲜供应量从 1961 年的约 2700 万吨大幅增加到 2013 年的超过 1.32 亿吨。

考虑到在这段时间内，世界人口数量增加了一倍多，即从 1961 年的 30.7 亿人增加到 2013 年的 71.7 亿人，我们认为考虑这些肉类的人均供应量（即总量除以人口数）会更有意义。

除此之外，考察我们一整年吃了多少肉也不是惯常做法。一个更常见的做法是，考察我们每天吃的食物量。因此，如果我们可以把人均数量从每年变成每天（也就是再除以 365 天），那么我们就有可能得到一个更容易概念化的指标：每天人均克数（克 / 人 / 天），如图 8–2 所示。

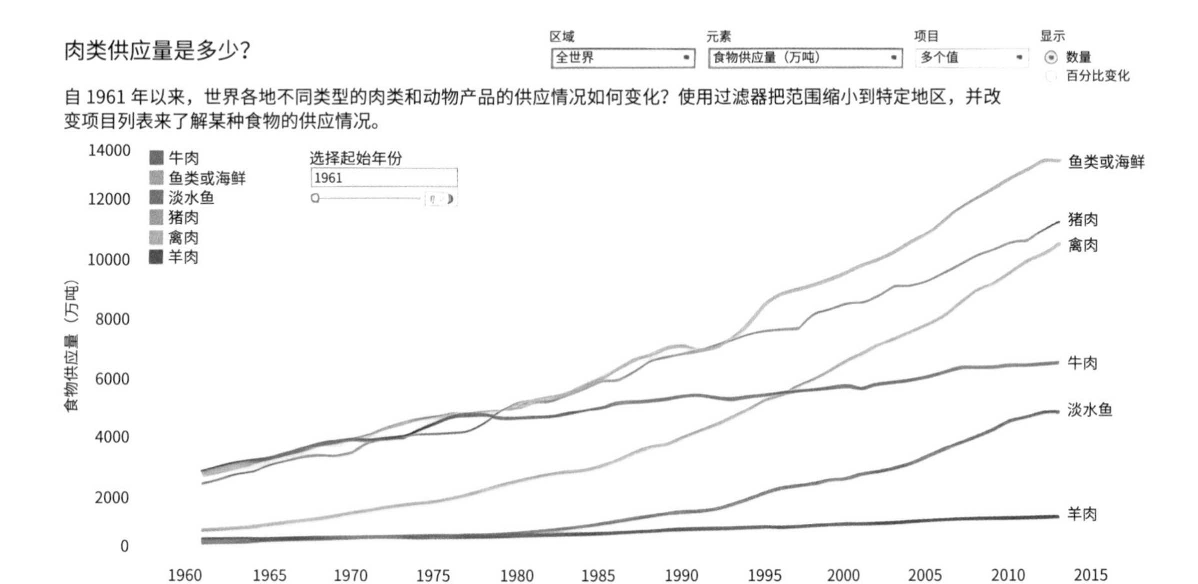

图 8-1　1961—2013 年精选肉类供应量（单位：万吨）

（数据来源：FAOSTAT http://www.fao.org/faostat/en/#data/CL，作者制作）

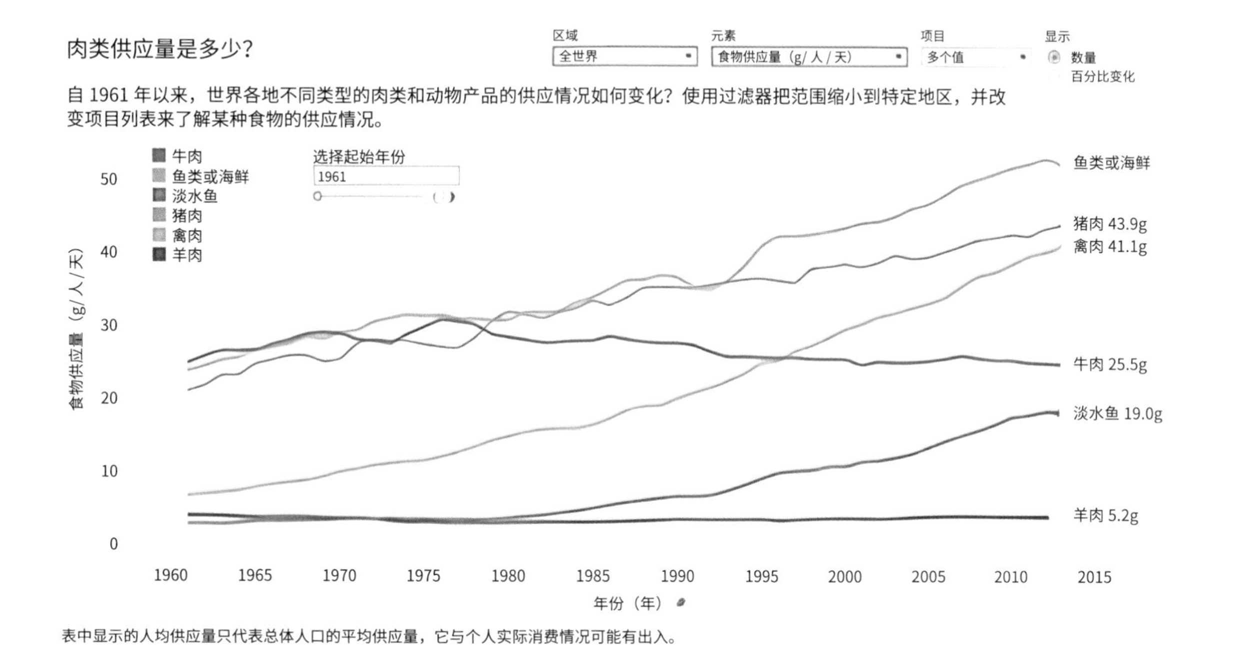

图8-2 1961—2013年肉类的人均每日供应量（单位：克/人/天）
（来源：FAOSTAT http://www.fao.org/faostat/en/#data/CL，作者制作）

曲线形状非常相似，现在我们可以看到，从 1961 年到 2013 年，海鲜从每人每天 24.7 克增加到 52.0 克（一个苹果大约重 100 克）。这一数字所能传达的信息远远超过了最初的 1.32 亿吨。

不过，我们还可以使用另外一种方式来看待这些数据。除人均日摄入量之外，我们还可以计算不同肉类供应量的百分比变化。从每人每天 24.7 克增加到 52.0 克，变化幅度为 +110.7%。前面我们已经提到过百分比变化的计算公式，如图 8–3 所示。

$$\text{百分比变化} = \frac{\text{当前值} - \text{先前值}}{\text{先前值}} \times 100\%$$

图 8–3　计算百分比变化的公式

使用上述公式，计算海鲜供应量的百分比变化（从 24.7 克增加到 52.0 克），如下：

（52.0–24.7）/24.7 × 100%=110.7%

与同期其他肉类供应量的百分比变化相比，全球海鲜供应量是如何增长的？比较一下百分比变化，我们会发现，与 1961 年相比，禽肉（421.1%）和淡水鱼（358.8%）的供应量增加得更多。如图 8–4 所示。

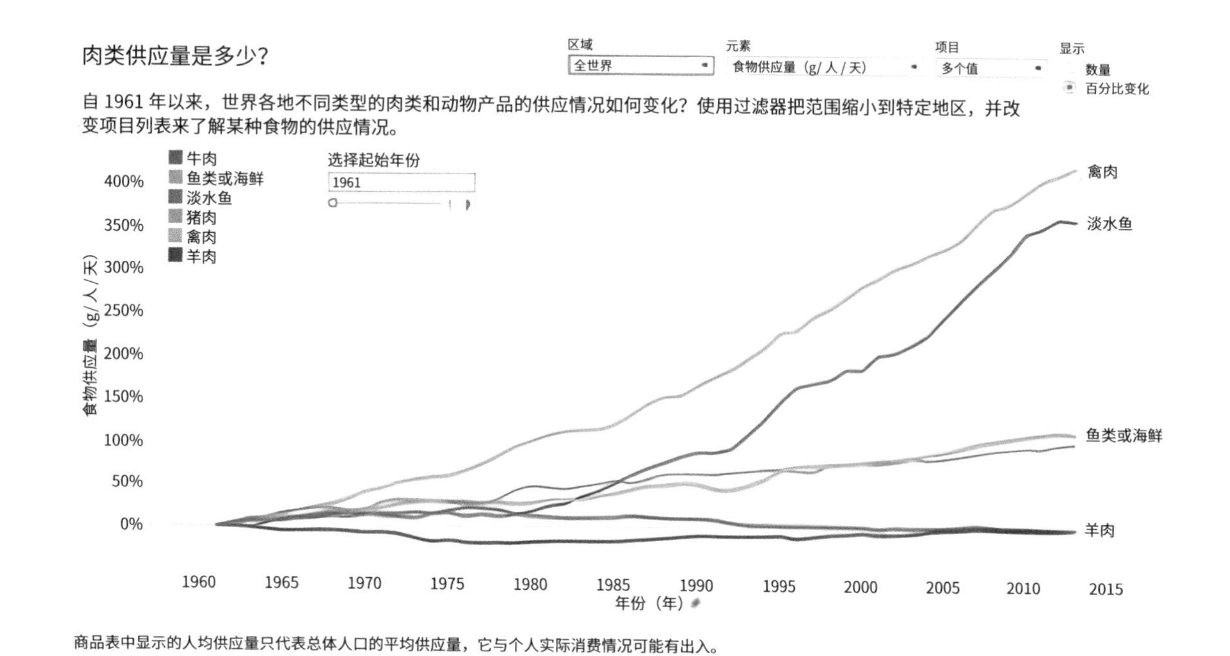

图8-4　1961—2013年全球肉类人均供应量的百分比变化

（来源：FAOSTAT http://www.fao.org/faostat/en/#data/CL，作者制作）

我们可能还会考虑到，在全球范围内评估食物供应量对于世界某个特定地区的人来说没有什么意义。因此，我们可以通过指定国家并根据地理进行条件过滤来调整我们的问题。

这些看待问题的方式并没有对错之分。哪些是更有意义的，取决于我们如何回答下面这个问题：“为什么数据对你来说很重要？”

如果我们关注的是这些大型肉类工厂的动物虐待问题，那就要考虑其他变量，比如动物寿命或动物生产设施的面积。如果我们想了解一下食物的浪费情况，我们就需要搜索消费数据，并看一看是否可以比较这些值。

重要变量的定义是什么？

有时，数据集中的变量跟我们想的不完全一样。例如，在前面查看全球肉类统计数据的例子中，我们细心地把要考虑的各种变量定义成食品供应量，而非食品消费量。仔细观察折线图的页脚，我们会看到如下注释：

表中显示的人均供应量，它与个人的实际消费情况可能有出入。

如果没有这个说明，看图表的人可能会误以为他们看到的是肉类消费量增加了，而不是肉类供应量增加了。在现实中，会有种种原因导致肉类浪费的情形，这可能使得肉类消费量和供应量之间产生巨大差异。

一般在数据库的元数据、文档，或者报告的附录、注释中，我们可以找到其他重要变量的说明。如果找不到，我们应该主动请求相关人员提供。

回到新冠疫情的例子，当我们查看每个国家的病例数量时，我们看的是确诊病例，而不是实际病例。两者之间往往存在差异，因为我们有很多方法可以让一个患者最终不被包含在官方报告的数字之中。

在数据定义方面，关键在于细节。这个过程很烦琐，为此你最好准备一个全面的数据字典或元数据库，这在我们要使用数据来做重要决定时尤为重要。

数据是如何测量、收集和存储的?

每个数据值都是经由录入流程、通过测量系统产生的，其中需要人工输入、机器输入（借助传感器或软件），也可能两者兼有。比如客户满意度分数，这些分数是如何得到的呢?这些数据是通过调查还是问卷获得的?是面对面，还是以电子方式进行?是匿名的吗?被调查者是谁?参与调查是自愿的，还是强制的?搞清楚上面这些问题有助于我们确定调查结果的实际含义。

再举一个例子，假设我们遇到了一个日期时间变量（既指一年中的某一天，也指一天中的某个时间）。很重要的一点是，我们要搞清楚这个变量是人工输入的时间，还是计算机自动获取的时间戳，因为人工输入的时间变量和机器自动获取的时间变量之间有很大不同。

我们详细讲一讲，好让大家更好地理解这一点。图 8-5 显示的是飞行员自行报告的飞机撞击野生动物的时间。在 60 个（从 0 分钟到 59 分钟）不同的分钟位置上，圆圈大小与野生动

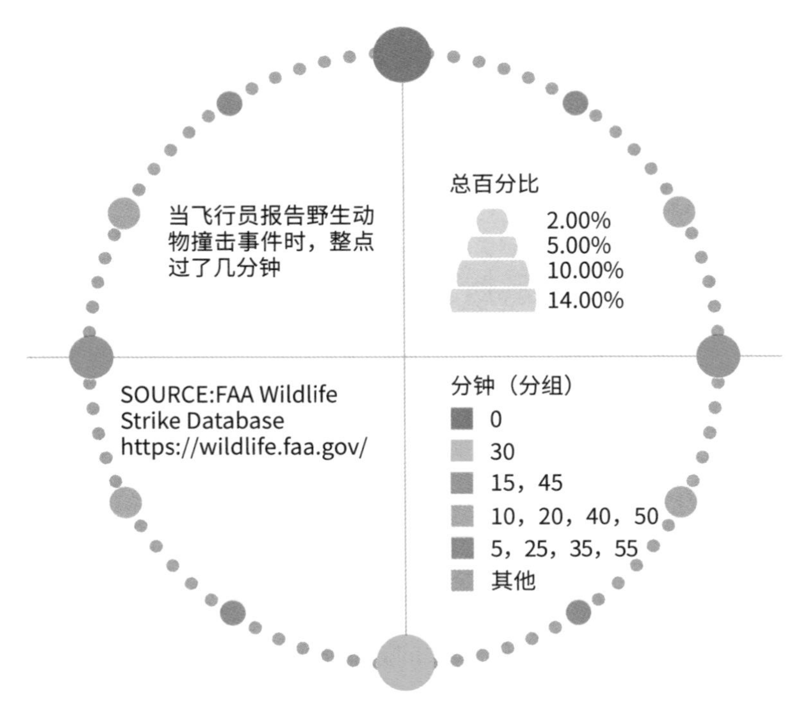

图 8-5　飞行员自行报告飞机撞击野生动物事件的时间点分布图
（图片来源：FAA 野生动物撞击数据库）

物撞击的报告数量成正比。

这张图表清楚地显示，飞行员提交报告的时间点大都是 5 分钟的倍数，集中分布在 0 分钟、15 分钟、30 分钟、45 分钟几个时间点上。我们假设时间以“：15”结尾的报告（占所有报告的 6.46%）大约是以“：16”结尾的报告（占所有报告的 0.64%）的十倍。

我们可以想见，如果由安装在飞机上的传感器自动记录每一次撞击，这个图肯定会有很大的不同，因为在那种情况下，我们不会看到如此极端的模式。

收集图 8–5 中的数据时，有可能会用到多个不同的测量过程。报告所指的撞击发生在第 1 分钟还是第 59 分钟可能是由飞行员从日志或显示器中看到的机器读数确定的。为了更好地了解报告数据时遇到的各种场景，我们最好与数据的所有者和更新人员好好谈一谈。

当我们要求人们报告他们的体重时，我们也会看到类似的整数值分组。但是，当我们直接使用体重计称量并使用体重计的读数时，就不会看到这样的分组。因为当有人告诉你他的体重是 150 磅时，他的实际体重可能是 148 磅、149 磅或者 151 磅。

最重要的是，这有助于我们了解数据的收集方式。毕竟，数据和现实之间总是存在着差距。而且，差距的大小往往会受到测量系统的影响。

你有多少时间来思考数据？

在商业领域和生活中，我们有时候会有足够的时间来收集数据、分析数据，权衡我们的选择，以及思考我们的行动方针。还有很多情况，我们并没有那么多时间可用。

例如，在一个竞争激烈的市场中，公司需要在短时间内迅速采取行动，以抢占某种产品或功能的“先发优势”。这些情况下，我们最好了解一下他们有什么数据可作为决策的依据，但不要花太多时间，也不要陷入“分析瘫痪”之中，否则我们就可能会付出高昂的代价。

当新冠疫情开始蔓延，确诊病例和死亡人数以惊人的速度增加时，政府、医院和公共卫生机构陷入艰难的境地之中，一方面他们需要更多数据，另一方面他们又没有时间（或者没有资源）去收集数据。

而在其他情况下，我们最好放慢速度，仔细考虑所有数据，尽可能多地收集数据、微调数据，并从多个角度进行分析，以便得到最佳行动方案。

例如，一支职业运动队首次招募一些符合条件的运动员。如果离选秀日（日历上的某一天，这一天团队会决定入选名单）还有好几个月，就没必要着急。因为在这种情况下，做决定的日期是确定的，而且时间充足，但如果你不仔细研究数据，就很可能会使团队在与其他团队的对比中处于劣势地位。

如图 8-6 所示，沿着两个维度（决策时间、手头可用的数据量）考虑所有可能的情形，我们大致可以把它们划入如下四个象限中。

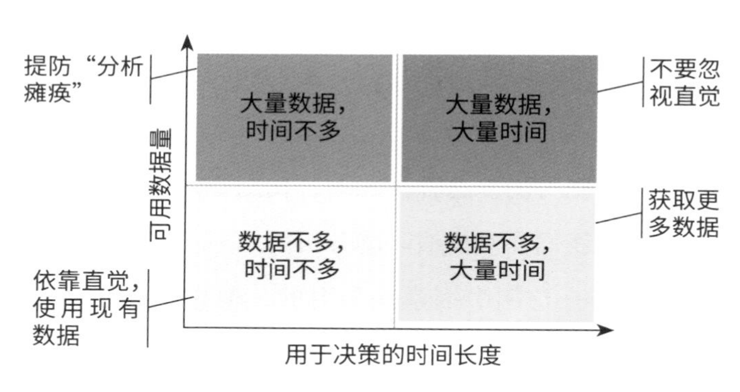

图 8-6　根据时间和数据量划分成四个象限

其中，左上象限对应的情形是，我们有大量数据但没有充足的时间采取行动。这种情形下，我们必须小心所谓的“分析瘫痪”（指花过多时间分析数据造成行动迟缓，甚至无法决策的现象）陷阱。

右上象限对应的情形是，我们拥有大量数据，同时拥有大量时间。这种情形下，我们可能会过分强调数据而低估直觉。对此，国际象棋大师加里·卡斯帕罗夫在其著作《棋与人生》一书中如是说：

那些我们认为的优势（有更多的时间思考和分析，或者有更多的信息可供我们使用）反而可能削弱一个对我们更加重要的东西——直觉。

左下象限对应的情形是，我们既缺数据又缺时间。这种情况下，我们别无选择，只能迅速行动。我们力所能及的就是使用现有数据放手一搏，试炼一下自己的直觉，并在尘埃落定之时为下一次决策创建更多数据。

右下象限对应的情形是，我们拥有的数据不多，但是当前有足够的时间可用。这种情况下，我们要做的是获取更多数据，以便提升我们面对挑战时的分析能力。

时间与数据这两个因素是相对的，但有时我们可能并不清楚在特定情况下手里的时间和数据分别有多少。虽然不确定性是生活的一部分，但总有一种直觉可以帮我们认清所处的情况，并告诉我们如何正确应对。

小结

不管遇到哪种类型的数据，我们都可以先问一问上述八个问题。无论我们是阅读新闻网站上的文章，聆听公司高管或政府官员的讲话，与数据仪表盘互动，还是打开一封附有电子表格的电子邮件，都可以先提出这八个问题。

回答这些问题花不了多少时间，可能只需要几分钟，甚至更短。如果你被其中一个问题困住，感觉很难找到满意的答案，最好立马停下来。毕竟，在对数据基本属性一无所知的情况下，强行向前推进很有可能会让我们付出高昂的代价。

结语　回顾全书

> 这是璀璨终局的第一步。
>
> ——盖伊·川崎（Guy Kawasaki）[1]

祝贺你走完了整段旅程！本书旨在揭开数据的神秘面纱，帮助大家认识到自己正处在数据革命之中，认识到每个人都是这场革命的积极参与者，每个人都有能力掌握这种我们每天都在用的语言。

全书一共有 8 章，每章主题各不相同，其中包含的数字随着章号的增加而增大，这样便于大家记忆各章讲解的内容：

· 一个总体目标

· 两种思维系统

· 三大应用领域

· 四种数据量表

· 五种数据分析方法

· 六种展现数据的方法

· 七种数据活动

· 八个需要提前问的问题

在第 1 章中，我们提出了数据的一个总体目标：进一步提高我们运用知识的能力。借助 DIKW 金字塔，我们了解到，当

---

[1] 苹果公司前宣传官。——编者注

收集好原始数据之后，我们可以通过解释把它们转变成信息。然后，我们又了解到，当通过关联把各种相关信息结合在一起时，就产生了知识。最后，我们通过应用知识来增加智慧。沿着 DIKW 金字塔，自下而上攀登时，每登高一层，“人的因素”就越多。

在第 2 章中，我们讲解了与思维有关的内容，介绍了大脑如何使用两种思维系统来理解周围的世界并迈步前行。双思维过程理论对数据新手来说是个好东西。为什么？因为我们所有的经验和直觉（即我们的直觉在某种情况下告诉我们的东西）可以与我们新获得的数据敏感性结合起来，从而产生比单独使用任何一个思维过程都更深刻的见解。分析无法取代直觉，它是对直觉的补足。两者相互制衡，在决策过程中起到“制衡”的作用。

在第 3 章中，我们认识到数据不仅在我们的职业生涯中有广泛的应用，它还与我们的个人生活、所在社区，以及整个社会息息相关。私人、公共和专业这三个应用领域大大拓展了我们对数据在生活中作用的认识。

然后，我们从高层的应用领域回归到数据本身，进一步探讨了两个问题：我们如何测量周围世界，以及我们的变量有哪四种数据尺度。首先，我们把数据值分成两大类：定性数据和定量数据。然后，根据分类是否有固定顺序，进一步把分类数据划分成定类数据和定序数据。同样，我们可以把定量变量进一步划分成两种类型：定距变量和定比变量，这取决于该变量是否有一个绝对零点。我们使用缩写词 NOIR 来帮助记忆四种数据量表，然后还要注意一点，那就是我们不要在分析过程中过分严格地使用这种分类法。

在第 5 章中，我们主要介绍了五种数据分析方法：描述性分析、推理性分析、诊断性分析、预测性分析和指导性分析。我们讲到这些分析方法的最佳应用场景，还举了一些典型的例子，帮助大家了解它们所回答的各种问题。

在第 6 章中，我们介绍了六种展现数据的方法：图形、表格、统计量、可视化、仪表盘和数据故事。这些方法各有优缺点，在现实中，我们通常需要把不同展现方法结合起来使用。当我们选用的展现方式不适合正在解决的问题或任务时，就会让人感觉很糟糕；反过来，如果我们选择的展现方式能够符合当时的需求，它会给我们带来很强的力量。

在第 7 章中，我们介绍了七种数据活动：创建数据、构建数据源、准备数据、分析数据、呈现数据、消费数据和以数据为引导做决策。每天，我们都在参与这些活动，而且不止一个。我们可以通过加入团队，与他人协同以完成任务，借助他人的力量来提升我们自己的能力。虽然讲解时这些活动是按照特定顺序列出的，但在具体实施时并非严格地按照这个顺序逐步进行，而是以流动的方式反复进行。

在最后的第 8 章，我们对基础内容做了总结，列出了八个需要事先提问的问题：数据为什么重要？来源是哪里？谁拥有与更新数据？最近一次更新是什么时候？哪些变量最重要？它们的定义是什么？如何测量？有多少时间可用来使用数据？搞清楚这些问题，有助于我们以恰当的方式使用数据，避免数据滥用、乱用。